花颜花语

[日] 宇田川佳子　主编

赵百灵　译

河北科学技术出版社

·石家庄·

序言

　　自古以来，世界各地的人们都钟情于自然界五颜六色、恣意绽放的花卉，把它们当作日常生活中的一部分，并赋予它们各种各样的花语。

　　这些花语，有些源自于它们独特的花形，有些与当地的文化、生活、传说等息息相关。

　　无论是装饰房间，还是馈赠亲友，挑选花卉都是不可或缺的步骤，了解花语不仅可以拉近我们与花卉之间的距离，还能够让选择花卉的过程更值得期待。

本书以花店中常售的花卉为主题，严选了约200种四季花卉，详细介绍其别名、花季、上市时间等基本信息，花形特点、花语、花语来源的小故事，星座守护花和诞生花等。

希望这些花卉和花语可以让您的生活变得更加情趣盎然。

花季索引

春季

绣球荚蒾 初夏···47

我发誓
牵绊
绚丽的恋情

女郎花···50

美人
转瞬即逝的爱

满天星···56

高洁的心
天真无邪

香蒲··· 59

率直
慈爱

马蹄莲···61

格调高贵
少女的端庄

风铃草···64

感谢
倾诉心意

桔梗···65

不变的爱

吉利花···69

变化莫测的恋情

栀子···74

我很幸福
带来喜悦

唐菖蒲···75

胜利
幽会
谨慎

金槌花···76

永远的幸福
敲响你的心扉

白玉草···78

虚假的爱

姜黄···81

忍耐

嘉兰···83

光荣
勇敢

宫灯百合···93

思乡
祈祷
福音

龙船花···94

神的礼物
热切的思念

蓝盆花···108

风情

茶藨子···110

为你带来欢乐

补血草···113

我心依旧

黄栌···120

高明
稍纵即逝的青春

晚香玉···130

险中求乐

翠雀 初夏···138

清朗
高贵

蝴蝶石斛···140

天生一对

西番莲···142

神圣的爱

棉花*…87

优秀
有价值

菝葜*…91

不屈的精神
痊愈

南蛇藤*…136

开运
大器晚成

金丝桃*…169

灿烂
悲伤即将过去

钉头果…175

满怀梦想（果）
隐藏的能力（花）

乳茄…176

我不会欺骗你

八宝景天…195

相信并追随
机敏
吉祥

紫珠…210

聪明
惹人喜爱

龙胆…236

爱上忧伤的你
人品诚实可靠

蜡花 南半球的春季
…245

可爱
锋芒未露

冬季

梅…40

忠贞

铁筷子…80

勿忘我
赐我宁静

仙客来…96

周到

草珊瑚*…124

富贵
得天独厚的才华

南天竹*…151

福临门
美满家庭

一品红…197

祝福
平安夜
祈祷幸运

大戟…220

保守
得到帮助
期待重逢

蜡梅…242

先见之明
温文尔雅

跨季节开花的花卉

春～夏

蓟…17

独立
放心
严格

铁线莲 春～秋…82

旅行之乐
美丽的心

★指结果期所在季节。

9

蝇子草 …99

青春的气息
余情未了

白车轴草…100

请记得我
幸运
约定

香豌豆…104

温暖的回忆
出发
像蝴蝶一样飞舞

绛车轴草…117

耀眼夺目的爱
点亮心灵的灯火
我见犹怜

娇娘花…122

淡淡的恋慕
怜爱之心

巧克力秋英
初春~秋 …134

恋爱的回忆
坚定不移

百日菊 春~秋
…172

思念远方的朋友
不变的思念

蓝星花 春~秋
…181

相互信任的心
幸福的爱

虾衣花…194

足智多谋
惹人怜爱

小白菊…204

喜相逢

万寿菊 春~秋
…206

惹人怜爱的爱情
勇士
健康

野春菊…208

野春菊图

片刻的安息
安稳

葡萄风信子
…209

心有灵犀
宽容的爱

矢车菊…216

纤细
优美
教育

兔尾草…226

感谢
相信我
激动的心

薰衣草…230

我在等你
沉默

夏
~
秋

硫华菊…67

野性之美

孔雀紫苑…73

一见钟情
惹人怜爱
友情

鸡冠花…84

与众不同
爱打扮

千日红…123

不变的爱
永恒的生命

蓝花茄…125

秘密的心意

一枝黄花…126

谨慎
鼓励

大丽花…128

华丽
高雅
善变

加州胡椒*…188

闪亮的心
狂热

油点草…200

永远属于你
持续

南美水仙 ^{夏~冬}
…219

纯洁的心灵
高雅
纯爱

髭脉桤叶树…235

满溢的思念
舒适

地榆 …246

变化
似水流年
深思

秋~冬

卡特兰…58

魅惑
优美

毛核木*…103

无私奉献

娜丽花…153

期待重逢
深闺千金

三色堇 ^{秋~春}
…163

沉思
请想着我

刺桂…165

小心谨慎
保护

地中海荚蒾*
…168

诙谐幽默
看着我

非洲莲香 ^{秋~春}
…227

变化
好奇心

冬~春

欧石楠…44

孤独
幸福
幸福的爱

大花蕙兰…101

真心一片
朴素
高贵的美人

水仙…106

自恋

山茶…135

含蓄之美

兜兰 ^{冬~初夏}
…159

深谋远虑
优雅的装扮

连翘…241

期待
希望

花期因品种而异的花卉

朱顶红 ^{春、秋}
…27

闲谈
耀眼的美丽

非洲菊 ^{春、秋}
…54

希望

★指结果期所在季节。

11

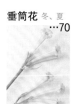

本书使用方法

如果您对花名不熟悉，
可以在文前的花季索引中寻找其对应的图片。

Flower Data

分类：石竹科石竹属
原产地：欧洲、北美、亚洲、南非
别名：瞿麦草、石竹子花
上市时间：全年
花季：春季
花期：5~7日
诞生花：7月14日、7月22日、
7月28日

148

石竹
Pink Dianthus

石竹株型低矮，茎秆修竹，叶丛青翠。花朵不大但繁茂，观赏期较长。花色有白、粉、红、粉红、大红、紫、淡紫、黄、蓝等，五彩缤纷。石竹的英文名为"Pink"，据说粉红色"PINK"就来源于石竹花的颜色。石竹的花语为"天真无邪"，与它花朵娇小、惹人怜爱的印象有关。

花语

天真无邪
惹人怜爱
贞节
纯粹的爱 [粉色]
炽热纯粹的爱 [红色]
才能 [白色]

石竹

149

花名和花语的由来等
花卉相关的轶闻。

花卉的名称。
对应学名。

该花卉的花语。
[ ]为不同颜色和品种
的花语。

花卉的详细信息。
分类：具有代表性的品种所属的科名、属名（依照APG分类法）。
别名：具有代表性的别名。
上市时间：以花店中花卉的上市时间为准。
花期：花卉的观赏时长。
花季：花卉在没有促花培养的情况下的开花季节。

该花卉具有代表性的
颜色，最下面的符号
代表复色（一花多
色）。

爱的造访
爱的信息
知性的装扮

百子莲

百子莲

Agapanthus African lily

百子莲的叶片细长而有光泽，自叶丛中伸出的花茎上着生数十朵开放时，呈放射状的白色、蓝色或紫色的花朵。百子莲在希腊语中是"爱之花"的意思，因此它的花语是"爱的造访"和"爱的信息"。淡蓝色的花朵清爽、纤细，给人以知性之感，据说它的另一个花语"知性的装扮"与此有关。百子莲绽放的花姿与君子兰相似，因此它又名"紫君子兰"。

Flower Data

分类: 石蒜科百子莲属
原产地: 非洲南部
别名: 紫君子兰
上市时间: 5~8月
花季: 夏季
花期: 5~7日
诞生花: 6月8日、6月19日、6月29日

蓍草
Achillea Yarrow

蓍（shī）草是具有诸多药用价值的药草，在英语中它还有一个广为人知的别名"Yarrow"。蓍草在欧洲不仅是一种药用植物，人们还认为它具有趋邪避恶的威力，因此它也被用作婚礼的花束。蓍草的学名"Achillea"来自希腊神话中的英雄阿喀琉斯（Achilles），据传说，他曾以蓍草为特洛伊战争中受伤的士兵疗伤。根据其叶片的形状，蓍草也被叫做"西洋锯草"。

花语

治疗

安慰

蓍草

Flower Data

分类：菊科蓍属

原产地：北半球温带

别名：千叶蓍、锯齿草、蚰蜒草

上市时间：5~6月

花季：夏季

花期：1个星期

诞生花：8月2日、9月3日、11月17日

藿香蓟

Ageratum Floss Flower

藿香蓟（jì）的英文名为"Ageratum"，源自于希腊语的"Agelas"，意为"不老"，因其花期较长，花朵接二连三地绽放，花色不褪而得名。藿香蓟也由此获得"安乐""永恒之美"的花语。藿香蓟的叶片与中药"藿香"的原材料藿香相似，花朵形似缩小版的蓟，它的中文名就来源于此。另外，因其柔软细小的花瓣很像蚕茧外侧的茸毛，所以藿香蓟的英文名为"Floss Flower（绒毛花）"。

花语

安乐、永久的美

Flower Data

分类：菊科藿香蓟属

原产地：中美洲~南美洲

别名：胜红蓟、一枝香、臭草

上市时间：5~10月

花季：夏季

花期：1个星期

诞生花：5月3日、7月15日、
　　　　　9月14日

花语

独立、放心、严格

蓟

Plumed thistle

蓟的叶片带刺，如果有人折花定会因其多刺而吓一跳，因此蓟在日语中有"惊愕"的意思。苏格兰流传着一个故事，1263年邻国士兵暗夜来袭，他们踩踏蓟花时不小心发出声音，苏格兰人发现了这次偷袭并保卫住了国家。因此苏格兰将蓟花奉为国家的象征，这也成为它的花语"独立"的来源。

蓟

Flower Data

分类：菊科蓟属
原产地：北半球
别名：大蓟、大刺儿菜
上市时间：4~11月
花季：春季~夏季
花期：1个星期
诞生花：4月22日、9月18日、10月21日

西洋杜鹃

Azalea

"西洋杜鹃"指的是由"山杜鹃"和"皋月杜鹃"
杂交培育出的新品种。比利时人将这两种杜鹃
杂交培育成功后，新品种花朵大而鲜艳，在所
有杜鹃中首屈一指，更具观赏性。

杜鹃的花名源自拉丁文"azaleos（干燥）"，
即使在干燥而贫瘠的土地，它们也能茁壮地生
长，因此被赋予了"节制"和"满足"的花语。

花语
节制、满足
被你爱着的我很幸福

Flower Data

分类：杜鹃花科杜鹃属
原产地：欧洲
别名：比利时杜鹃、杂种杜鹃
上市时间：4~5月
花季：春季
花期：5~7日
诞生花：3月10日、8月8日（红）、
　　　　　12月22日（红）

善变
有耐力
美满团圆

绣球

Hydrangea

绣球花的花语"善变"，源自于它可以逐渐
变化的花色。据说德国医生兼博物学家西博
尔德，将一种花朵较大的绣球品种引入到欧
洲，并以他的爱人的名字命名。绣球的另一
个花语"有耐力"，来源于其花期较长，也
代表对爱人的深深思念之情。绣球花花形丰
满，亦有美满团圆之意。

绣
球

Flower Data

分类：绣球花科绣球属
原产地：中国和日本
别名：紫阳花、八仙花
上市时间：5~7月
花季：夏季
花期：5天左右
诞生花：6月3日、6月14日、
　　　　　6月26日

翠菊

China aster

翠菊原产于中国。1728年天主教传教士汤执中将翠菊带到巴黎的植物园，由此传播至欧洲。如今，人们已经培育出了单瓣、华丽的重瓣以及可爱的绒球状等各种花色和花形的翠菊，它的花语"变化"就源自于此。而它的另外一个花语"信心"则源自于花占卜，翠菊与雏菊一样，可以将花瓣一片一片地剥下来用来占卜。

花语
变化
信心
美丽的回忆

翠菊

Flower Data

分类：菊科翠菊属

原产地：中国北部

别名：江西腊、五月菊

上市时间：全年

花季：夏季

花期：1个星期

诞生花：4月10日、5月11日、
　　　　　9月10日（白）、9月29日

花语

随心所欲
保守

落新妇
Astilbe

落新妇无数的小花聚拢在一起形成了圆锥形花序，花朵绽放后看起来就像是轻盈的气泡一样，因此它又名"泡盛草"。落新妇的英文名是"Astilbe"，源自于希腊语，意为"没有光彩"，含有贬义，这是因为野生种的落新妇花朵小，颜色也暗淡。不过，20世纪初在德国改良后，落新妇不仅花朵变大，连花色也增加了，目前已经成为在全世界广受欢迎的花卉。

Flower Data

分类：虎耳草科落新妇属
原产地：东亚
别名：小升麻、术活
上市时间：5~7月
花季：夏季
花期：1个星期
诞生花：6月1日、7月11日

花语
爱的渴望
向星星许愿

大星芹

大星芹
Great masterwort

大星芹的花朵从中心辐射伸展形成了半球形花序，呈放射状看起来像星星的部分是它的苞片。大星芹的英文名"Astrantia"源自希腊语"astra"，是"星星"的意思，取自苞片的形状。

大星芹很容易脱水，适合做干花，因此被赋予了"爱的渴望"的花语。它的另一个花语"向星星许愿"来源于人们由其形状和花名引发的联想。

Flower Data

分类：伞形科星芹属
原产地：欧洲、西亚
别名：大教师草
上市时间：全年
花季：夏季
花期：1个星期
诞生花：6月6日、6月24日

马醉木

马醉木

Japanese andromeda

马醉木自古以来就备受人们喜爱。据说，马食用这种植物后会中毒如酒醉状，由此而得名。

马醉木原产于日本和中国东部，不过其花语"牺牲""献身"却与希腊神话有关。源自于埃塞俄比亚的公主安德罗墨达因过于美丽触怒众神而成为了祭品，后被英雄珀尔修斯所救的传说。

Flower Data

分类：杜鹃花科马醉木属
原产地：日本、中国东部
别名：桤木
上市时间：2~4月
花季：春季
花期：3天左右
诞生花：3月9日、3月24日、4月4日

银莲花

Anemone Windflower

每当春风吹来，银莲花就会迎风绽放，它的英文名字"Anemone"源自希腊语的"风"。银莲花的花语也源自希腊神话，希腊神话中爱与美之神阿弗洛狄忒（Aphrodite）误中了丘比特的爱之箭，爱上了美少年阿多尼斯。不过，阿多尼斯不幸在打猎时意外死亡。阿弗洛狄忒哀悼阿朵尼斯之死而流下眼泪，这些泪珠落地长出了银莲花。也有一说是，银莲花在阿多尼斯的鲜血中生长盛开，因此银莲花被赋予了"转瞬即逝的爱"的花语。

Flower Data

分类：毛茛科银莲花属
原产地：南欧、地中海东部沿岸
地区
别名：风花、复活节花
上市时间：11月~次年4月
花季：春季
花期：3~5天
诞生花：3月5日、4月2日（白）、
4月6日

花语

转瞬即逝的爱

我爱你 [红色]

期待 [白色]

我在等你 [蓝紫色]

银莲花

25

分类：苋科苋属
原产地：印度、亚洲南部、中亚、日本
别名：雁来红、老来少
上市时间：6月~次年1月
花季：夏季
花期：5~7天
诞生花：4月19日、9月23日

苋

苋

Amaranthus Pigweed Love-lies-bleeding Prince's-feather

苋的花穗脱水后也不会萎缩，因此其花名在希腊语中是"不凋落"的意思，其花语也是"长生不老""不朽"。南美洲从公元前就开始种植栽培苋属植物，其种子是非常重要的谷物。有的苋的花穗像尾巴一样低垂，有的品种则是挺直的，后者花形类似鸡冠花。

花语
坚韧不拔
长生不老
不朽

花语

天真无邪

才能纯粹的爱[白色]

[粉色]

石竹
Pink Dianthus

诞生花: 7月14日、7月22日、7月28日

闲谈
耀眼的美丽

朱顶红

Amaryllis Barbados lily Knight's star lily

一簇簇大朵的花横向开放的样子
好像在愉快地"闲谈"一样。朱
顶红的名字在希腊语中是"闪耀"
的意思，来自古罗马诗集《牧歌》
中的一位主人公牧羊女阿玛瑞梨。
据说，阿玛瑞梨爱上了美少年阿
提欧，她用神灵赏赐的箭矢刺伤
了自己，流出的鲜血浇灌出美丽的
花朵吸引了阿提欧的注意。于是，
阿提欧爱上了阿玛瑞梨。

Flower Data

分类：石蒜科朱顶红属
原产地：巴西
别名：孤挺花、百枝莲、对角花、红花莲等
上市时间：4~6月（春季开花的品种）
　　　　　　10月（秋季开花的品种）
花季：春季、秋季
花期：5~7日
诞生花：1月26日、6月7日、6月21日、
　　　　　11月13日（红色）

Flower Data

分类：鸢尾科鸢尾属

原产地：东亚（鸢尾）、欧洲
（德国鸢尾）

别名：鸢尾又名扁竹花、紫蝴蝶
德国鸢尾又名神圣小鸢尾

上市时间：10月~次年5月

花季：初夏

花期：3日左右

诞生花：4月17日、5月23日、
6月29日

花语
好消息（鸢尾）
热切的思念（德国鸢尾）

鸢尾、德国鸢尾

Iris, German iris

宙斯是希腊神话中的众神之
王。侍女伊里丝因为宙斯的
求爱而感到为难，宙斯的妻
子赫拉将酒洒在她身上，让
她变成了彩虹女神，化身为
众神的使者。那时滴落的酒
水落地生出鸢尾花（Iris），
鸢尾花的花语也与通过彩虹
传达的信息有关。虽然鸢
尾的花色只有蓝紫色和白
色，但德国鸢尾有"彩虹花
（Rainbow Flower）"之称，
花色繁多。

鸢尾、德国鸢尾

完美的品格
正确的主张
不屈之心

大花葱

Allium giganteum Flowering Onion

大花葱无叶、茎粗大，花茎顶部着
生数百朵能依次绽放的小花，花
朵聚拢呈球状，花序直径最大可达
20cm，因此得名"giganteum（巨
大）"。
大花葱圆润的花形体现了"完美的
品格"，另外两个花语"不屈之心"
和"正确的主张"则与笔直的花茎
有关。"Allium"在拉丁语中是"蒜"
的意思，源自于切开大花葱发出的
独特的气味。

大
花
葱

Flower Data

分类：百合科葱属
原产地：亚洲中部、地中海地区、
　　　　　非洲北部、北美洲
别名：巨葱、硕葱
上市时间：3~7月
花季：春季
花期：10日左右
诞生花：5月16日、7月14日、
　　　　　7月23日

花语

光辉、充满奉献的爱、初恋

Flower Data

分类：蔷薇科羽衣草属
原产地：中国、日本、欧洲东部
别名：珍珠草、斗篷草
上市时间：全年
花季：初夏
花期：5~7天
诞生花：5月7日、10月24日

羽衣草

羽衣草
Lady's mantle

中世纪时的欧洲人认为，汇聚在羽衣草叶片上的水滴含有不可思议的力量。羽衣草叶的形状让人联想到圣母玛利亚的斗篷，因此，它也被称为"斗篷草"。

羽衣草的属名"Alchemilla"源自阿拉伯语，原意为"炼金术"或"柔软的丝状毛"。据说，当时这种植物被用于炼金术，因此而得名"炼金术"。"柔软的丝状毛"则与羽衣草花团锦簇绽放的花姿有关。

六出花

Alstroemeria Lily of the Incas Peruvian lily

六出花原产于安第斯山脉的寒冷地带，花期较长，因此被赋予了"持久"的花语。六出花的花形与百合类似，因此其日文别名为"水仙百合"，英语别名为"Lily of the Incas（印加百合）"。被誉为"分类学之父"的瑞典博物学家卡尔·冯·林奈在南美旅行途中采集了六出花的花种，并以他的植物学者好友的名字为其命名"Alstroemeria"。

Flower Data

分类：百合科六出花属

原产地：南美洲

别名：智利百合、秘鲁百合、水仙百合

上市时间：全年

花季：春季

花期：5~7天

诞生花：2月18日、3月13日、5月7日、8月1日、8月9日

六出花

花语
憧憬未来
持久

32

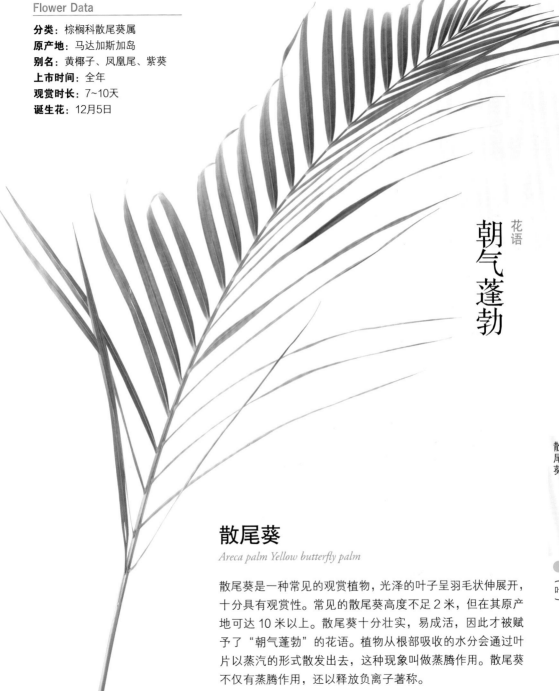

分类：棕榈科散尾葵属
原产地：马达加斯加岛
别名：黄椰子、凤凰尾、紫葵
上市时间：全年
观赏时长：7~10天
诞生花：12月5日

花语

朝气蓬勃

散尾葵

（叶）

散尾葵

Areca palm Yellow butterfly palm

散尾葵是一种常见的观赏植物，光泽的叶子呈羽毛状伸展开，十分具有观赏性。常见的散尾葵高度不足2米，但在其原产地可达10米以上。散尾葵十分壮实，易成活，因此才被赋予了"朝气蓬勃"的花语。植物从根部吸收的水分会通过叶片以蒸汽的形式散发出去，这种现象叫做蒸腾作用。散尾葵不仅有蒸腾作用，还以释放负离子著称。

花烛

Anthurium Tail flower Flamingo flower

花烛的叶片呈心形，带有光泽，看起来个性十足，花语"热情"即来源于它的花形。类似心形的部分是天南星科植物一种特有的叶片，名为"佛焰苞"，花朵集中在中心的柱状物上面。花烛的花形奇特，色彩艳丽，花期较久，适合做盆栽和切花。

花烛

Flower Data

分类：天南星科花烛属

原产地：美洲热带地区

别名：火鹤花、红掌、安祖花

上市时间：全年

花季：夏季

花期：2个星期左右

诞生花：8月25日、11月13日、
　　　　　12月1日

热情 花语

玉米百合

African corn lily

玉米百合纤细的花茎上长有十几个花朵，花序
为穗状，会接连地开放。其花语"团结"与它
的这种花形有关。其属名"Ixia"源自希腊语的
"ixos（粘鸟胶）"，因其叶片和花茎损伤后渗
出黏糊的液体而得名。玉米百合枪状的叶片以
及花序与水仙类似，不过它与石蒜科的水仙是
不同品种的植物。

花语

团结、崇高

暗恋

玉米百合

Flower Data

分类：鸢尾科谷鸢尾属
原产地：南非
别名：粘射干
上市时间：4~6月
花季：春季
花期：7~10月
诞生花：3月17日、4月20日、
　　　　　5月16日

Flower Data

分类：龙胆科獐牙菜属
原产地：中国、日本、朝鲜半岛
别名：紫花当药
上市时间：9~12月
花季：秋季
花期：1个星期
诞生花：9月20日、10月8日、
　　　　　10月31日

瘤毛獐牙菜

Swertia pseudochinensis

瘤毛獐牙菜的花朵为紫色或白色，呈很小的星星状，花茎多分枝，花朵开在花茎末端，因此被称为"Evening star（晚星）"。獐牙菜作为带苦味的健胃药而为人们所熟知，它与瘤毛獐牙菜是獐牙菜属近亲，所以瘤毛獐牙菜又被称为"紫花当药"，不过这种花苦味较淡，药效甚微。

花语
一切安好
安逸、闲适

瘤毛獐牙菜

野花和水果的花语

介绍一下我们身边的野花和水果的花语。

野花的花语

酢浆草 *Oxalis*　　　　　　**喜悦**

在欧洲，酢浆草在复活节前后开放，又名"哈利路亚"。因此它的花语与此有关。

紫罗兰 *Violet*　　　　**永恒的美与爱**

紫罗兰是古希腊人钟爱的花朵，象征着圣母玛利亚。它的花语也让人联想到美与爱。

蒲公英 *Dandelion*　　　　　　**神谕**

蒲公英自古以来就被用于花占卜，因此其花语也与此有关。

贯叶泽兰 *Thoroughwort*　　　　**踌躇**

贯叶泽兰是由很多小花组成的，据说它的花语这些小花按顺序开放的形态有关。

风铃草 *Bellflower*　　　　　　**感谢**

风铃草是常见的野花，垂首绽放于各地的山野之间，它的花语也与它的花姿有关。

鸭跖草 *Dayflower*　　　　**感情深厚**

用大小不同的三片花瓣来比喻与其学名有关三位植物学家之间的关系。

虎耳草 *Strawberry saxifrage*　　　　**持续**

虎耳草为丛生，花形独特，白色的小花在风中摇摆的样子就像白雪一样。据说自古以来虎耳草就被用作民间草药，其花语也与此有关。

水果的花语

草莓 *Strawberry*　　　　**致以敬意**

在北欧的神话中，草莓是供奉给大地之母的祭品。在基督教中，草莓被誉为"圣母的果实"。

无花果 *Fig*　　　　　　**丰富**

无花果的花生长在花序里面，内部授粉后发育成果实。据说因为这种形态而被赋予了"丰富"的花语，人们也将其比喻为恋爱等的"果实"。

黑莓 *Blackberry*　　　　**与你相伴**

在欧洲自古以来黑莓就用于生吃或制作果酱，是十分常见的水果。其花语可能与此有关。

橙子 *Orange*　　　　**真诚的爱情**

人们认为橙花能为新娘带来幸福，自古以来就有在婚礼上佩戴橙花花冠的风俗。它的果实则被认为是"圆满"的象征。

菠萝 *Pineapple*　　　　**完美无缺**

菠萝的果实气味甘甜、鲜美多汁，它可以称得上"完美无缺"的水果了吧。

葡萄 *Grape*　　　　**多子多福**

人类很早就开始食用葡萄。一棵葡萄藤可结成千万颗果实，因此寓意多子多福、人丁兴旺。

蜜瓜 *Melon*　　　　　　**满足**

瓜原产于埃及附近，经数次改良后终于成为高级水果的一员。它的花语与这段经历有关。

苹果 *Apple*　　　　　　**名声**

在希腊神话中有三位女神为了获得象征"最美女神"的金苹果而争执不下的故事。苹果的花语可能与此有关。

屈曲花

Candytuft

屈曲花的数朵小花簇拥在一起开放，花形看起来很像糖果，还散发出甜蜜的香气，因此被赋予了"甜蜜诱惑"的花语，它的别名"糖果草"也广为人知。屈曲花的学名"Iberis"与其原产地——欧洲的伊比利亚半岛有关。屈曲花有较强的趋光性，花茎容易弯曲，因此称其为"屈曲花"。屈曲花的另一个花语"倾心"也与它的趋光性有关。

花语
倾心
初恋的回忆
甜蜜诱惑

屈曲花

Flower Data

分类：十字花科屈曲花属
原产地：地中海沿岸、西亚
别名：珍珠球、蜂室花、糖果草
上市时间：12月~次年7月
花季：春季
花期：5~7天
诞生花：2月11日、3月15日、3月22日

溲疏

Japanese snowflower

溲疏（sōu shū）小枝中空，因此又被称为"空木"。
自古以来溲疏就是初夏时节的代表植物，可能因此它
才被赋予了"情趣"的花语吧。溲疏枝头开满繁茂白
花的样子，看起来就像皑皑白雪，因此它又被称为"雪
见草"。

花语

古典、情趣

Flower Data

分类：虎耳草科溲疏属
原产地：中国、日本、朝鲜半岛
别名：空疏、空木、卯花
上市时间：5~6月
花季：初夏
花期：3天左右
诞生花：5月22日、6月4日

溲疏

梅

Japanese apricot Plum blossom

梅花是中国十大名花之首,与兰花、竹子、菊花一起列为四君子,与松、竹并称为"岁寒三友"。在中国传统文化中,梅象征着坚韧不拔和高风亮节。梅在遣隋使时期由中国传入日本,与松、竹一起被视作吉祥的象征,深受喜爱。

花语

忠贞

高雅 [白色]
美艳 [红色]

梅

Flower Data

分类:蔷薇科杏属
原产地:中国
别名:琼英、寒梅、一枝春
上市时间:1~3月
花季:冬季
花期:3~7天
诞生花:1月9日(白色)、
　　　　　1月24日(红色)

紫松果菊

Purple Coneflower

紫松果菊的学名"Echinacea"来自希腊语的"刺猬"，因为花朵中间凸起的部分好像团成一团的刺猬。紫松果菊的根和茎具有杀菌和提高免疫力的功效。在其原产地美国，原住民用紫松果菊治疗蛇咬伤与热病，因此它也被称为"印第安药草"。紫松果菊的花语"治愈你的伤痛""温柔"也源自于此。

花语
温柔
治愈你的伤痛

紫松果菊

Flower Data

分类：菊科紫松果菊属
原产地：北美洲东部
别名：紫锥菊、紫锥花
上市时间：6~10月
花季：夏季
花期：很长
诞生花：3月16日、10月7日、
　　　　　10月9日

花语

慕君之孤傲
萌萌的爱

树兰

Epidendrum Star orchid Baby orchid

树兰的属名"Epidendrum"在希腊语中意为"树上",意思是这种兰科植物扎根在树木或岩石上。它的花语"慕君之孤傲",也是对树兰能在其他植物无法生存的环境下,依旧绽放花朵的崇敬之情吧。如图所示,树兰多为长长的花茎末端长着一簇惹人怜爱的小花,但树兰属包含很多品种,其花形、花色、大小迥异。

Flower Data

分类:兰科树兰属
原产地:中美洲、南美洲
别名:美洲石斛
上市时间:全年
花季:不定期
花期:2个星期左右
诞生花:6月13日、11月23日、
　　　　　12月27日

Flower Data

分类：杜鹃花科欧石楠属
原产地：欧洲、南非
别名：艾莉卡
上市时间：2~3月、11月~次年4月
花季：冬季~春季
花期：10天左右
诞生花：2月5日、8月5日、9月17
日、12月14日

花语

孤独、幸福、幸福的爱

欧石楠
Heath

欧石楠顽强地生长在狂风呼啸的荒
原上。这种荒凉的风景作为苏格兰
和英格兰的标志之一，是《呼啸山庄》
《秘密花园》等文学作品中的代表
风景。欧石楠的花语"孤独"就来
自于此。另一方面，欧洲民间相传
如果找到了白色的欧石楠将它送给
意中人，就能获得幸福，因此欧石
楠的花语还包括"幸福""幸福的爱"。

欧
石
楠

海滨刺芹

Eryngo Flat sea holly Sea holly

海滨刺芹最明显的特征是长且带刺的苞片，以及与冬青类似的叶片。它看起来就像是不让任何人靠近，守护着秘密的样子，因此被赋予了"隐藏的心意""秘密的恋情"的花语。海滨刺芹独特的金属蓝花色非常美丽，有些品种连花茎和苞片都是蓝色的。海滨刺芹适合制作干花，不过脱水后它的刺会更锋利尖锐，处理时要注意。

隐藏的心意
秘密的恋情

海滨刺芹

Flower Data

分类：伞形科刺芹属
原产地：欧洲、北部非洲、南部
　　　　　非洲
别名：海刺芹、甜海冬根
上市时间：全年
花季：夏季
花期：7~10月
诞生花：7月30日、8月28日、
　　　　　9月24日

满怀希望
崇高的理想
我心依旧

独尾草

独尾草

Desert candle Foxtail lily

独尾草长达 30~40 厘米的花穗上密
布着直径 1 厘米左右的小花，花朵
会自上而下绽放，3~4 个星期才会
开完。独尾草的花姿高大挺拔，因
此它才被赋予"崇高的理想""满
怀希望"的花语。

独尾草分布在中亚干燥的草地和半
沙漠地区，其属名"Eremurus"是
希腊语"沙漠之尾"的意思。另外，
因其圆柱形花姿，独尾草在英语中
又名"Desert candle（沙漠蜡烛）"。

Flower Data

分类：日光兰科独尾草属
原产地：西亚~中亚
别名：沙漠蜡烛
上市时间：5~8月
花季：夏季
花期：10天左右
诞生花：5月11日、11月17日

我发誓
牵绊
绚丽的恋情

绣球荚蒾

绣球荚蒾

Japanese snowball

像绣球花一样，绣球荚蒾的小花簇拥盛开，仿佛一个绣球。每个花球的直径约为 10 厘米。花球缀在枝头几乎将花枝压弯，看起来就像雪球一样，因此才有了"Snowball"的英文名。"我发誓"和"牵绊"的花语可能是因为雪白的花朵会让人联想到宣誓永远相爱的新娘吧。同样，绣球荚蒾的豪华和美丽赋予了它另一个花语"绚丽的恋情"。

Flower Data

分类：五福花科荚蒾属
原产地：中国、日本
别名：粉团、粉团荚蒾
上市时间：4~6月
花季：初夏
花期：5天左右
诞生花：3月6日、4月24日、
　　　　　5月28日

花语
纯粹、才能

无瑕

虎眼万年青

Star of Bethlehem Arabian star flower

虎眼万年青的花朵多为白色，它的学名
"Ornithogalum" 中包含 "Gala" 词根，
意为 "牛奶"。它的花姿洁白秀美，因
而象征着 "纯粹" "无瑕"，并被用作
婚礼花束。

虎眼万年青花朵呈星形，因此被比作
"伯利恒之星"，也就是耶稣诞生之际，
指引来自东方的三位博士前往伯利恒的
星星。

虎眼万年青

Flower Data

分类：百合科虎眼万年青属
原产地：地中海沿岸、西亚、南非
别名：鸟乳花、伯利恒之星
上市时间：全年
花季：春季
花期：10天~2个星期
诞生花：1月14日、2月27日、9月19日

胜利
必胜的决心［紫色］
忧心忡忡［红色］
担心某人［白色］

楼斗菜

楼斗菜
Columbine

相传，将楼（lóu）斗菜的叶片捣碎涂在手上就会鼓起勇气，这就是它的花语——"胜利"的由来。

楼斗菜的花形好像播种用的农具"楼车"中的"楼斗"，因此得名。楼斗菜花蕾的形状则像是一只鸽子，因此英文名为"Columbine（像鸽子一样）"。另外，欧洲的滑稽剧中有个女角叫Columbine（小白鸽），她拿的杯子道具很像楼斗菜，因此楼斗菜还有个花语是"愚蠢"。

Flower Data

分类： 毛茛科楼斗菜属
原产地： 东亚、欧洲
别名： 猫爪花
上市时间： 4~6月
花季： 春季
花期： 4~5天
诞生花： 5月1日、5月14日（紫色）、6月2日（红色）

Flower Data

分类：败酱科败酱属
原产地：东亚
别名：黄花龙牙、败酱
上市时间：7~10月
花季：夏季
花期：5~7天
诞生花：8月16日、9月11
　　　　　日、9月17日、10月
　　　　　25日

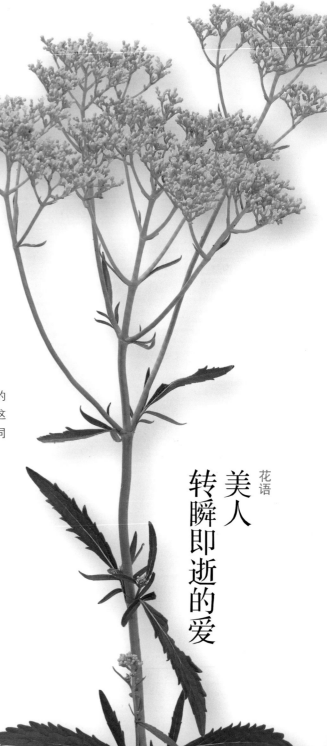

女郎花

Golden lace Scabious patrinia Yellow patrinia

女郎花可能是因为它亮丽又惹人怜爱的
样子让人联想到女性的风姿，才有了这
么女性化的名字。它的花语也给人以同
样的感受。

女郎花

花语

美人
转瞬即逝的爱

花语
一起跳舞吧
惹人怜爱、清秀

Flower Data

分类：兰科文心兰属
原产地：中美洲、南美洲、西印
度群岛
别名：舞女兰、跳舞兰、金蝶
兰、吉祥兰
上市时间：全年
花季：秋季
花期：7~10天
诞生花：1月15日、1月31日

文心兰

Dancing lady orchid Butterfly orchid Oncidium

文心兰拥有兰科植物独有的唇瓣（花朵下方延伸出来的花瓣），看起来犹如裙摆飘飘、舞姿曼妙的女子，因此它的英文别名为"Dancing lady orchid（舞女兰）"。"一起跳舞吧"的花语名副其实。文心兰的一簇簇小花看起来像蝴蝶，因此也有"惹人怜爱""清秀"的花语。

Flower Data

分类：香石竹科香石竹属
原产地：地中海沿岸、西亚
别名：荷兰石竹、麝香石竹
上市时间：全年
花季：春季
花期：7~10天
诞生花：2月16日、4月15日（白
　　　　色）、5月14日（红
　　　　色）、6月15日、11月
　　　　20日（红色）

纯洁而深沉的爱

对母亲的爱 [红色]

感动 [粉色]

鲜活的爱（对逝去之人） [白色]

康乃馨

康乃馨

Carnation

母亲节始于 20 世纪的美国，康乃馨作为这一天献给母亲的花而受到全世界的喜爱。康乃馨的历史十分悠久，古希腊时代，人们就为了萃取香料种植康乃馨。传说，圣母玛利亚看到耶稣受难时流下了泪水，泪水掉落的地方长出了康乃馨，因此它作为母爱和耶稣受难的象征，多次与圣母子一起被绘入绘画作品中，并被赋予了"纯洁而深沉的爱"的花语。

非洲菊
Gerbera African Daisy

非洲菊是距今约 100 年前在南非发现的，是一种很新的花卉品种。其属名 "Gerbera" 取自其发现者——德国植物学家 Gerber 的名字。非洲菊颜色丰富、花形瑰丽，深受人们的喜爱，其原种是红色的，经品种改良后，非洲菊的颜色、形状变得多种多样，还新增了花瓣细窄而尖的毛边非洲菊以及重瓣和半重瓣等诸多品种。人们根据非洲菊的花色为它赋予了代表着阳光、积极含义的花语。

Flower Data

分类：菊科大丁草属
原产地：南非
别名：扶郎花、灯盏花、太阳花
上市时间：全年
花季：春季、秋季
花期：5~10天
诞生花：1月22日（粉色）、
　　　　　10月11日（红色）

非洲菊

花语

希望

高雅优美 [粉色]
一往无前 [红色]
极致之美 [黄色]
坚韧不拔 [橙色]

55

满天星

Baby's breath Gypsophila

满天星的分枝多而纤细，无数的小花开满枝头的样子看起来就像是春天的彩霞，因此别名"霞草"。满天星的花朵看起来软绵绵的，英文名为"Baby's breath（婴儿的呼吸）"，据说它的花语"天真无邪"也源自于此。其属名"Gypsophila"源自希腊语的"Gypsos（石膏）"以及"Philios（爱）"，这是因为石头花属植物偏爱石灰质土壤。

满天星

Flower Data

分类：石竹科石头花属

原产地：欧洲、中亚

别名：霞草、锥花霞草、宿根满
　　　天星、丝石竹

上市时间：全年

花季：夏季

花期：5~7天

诞生花：2月3日、6月4日（粉
　　　色）、11月30日

高洁的心
天真无邪

花语

纯洁［白色］
感激［粉色］

卡特兰

Cattleya

卡特兰的花朵硕大，在兰科植物中显得格外雍容华丽，因此有"兰花女王"的美誉，花语也象征着优雅、格调高雅的成熟女性。最开始卡特兰从种植到开花要花费6年时间,现在经过杂交育种已经繁衍出各种各样的品种。英国园艺学家威廉·卡特利成功采集了这种兰花并将其带回英国，人们就以他的名字为卡特兰命名。

Flower Data

分类：兰科卡特兰属
原产地：中南美洲
别名：卡特利亚兰、嘉德利亚兰
上市时间：全年
花季：秋季~冬季
花期：1~2个星期
诞生花：2月9日、11月24日、12月10日

魅惑、优美
魅力 [粉色]
魔力 [白色]
花语

卡特兰

58

香蒲
Reed mace

相传有一只白兔被鳄鱼剥了皮，
神仙告诉它，用淡水清洗身体，
再铺上香蒲的蒲绒，在上面滚一
滚。白兔依言照做，恢复了原状。
香蒲的花语与率直地听从神仙指
教的白兔，以及神仙的慈爱有关。
实际上，香蒲的花粉也具有止血
和治疗轻伤的功效。

花语

率直、慈爱

香蒲

Flower Data

分类：香蒲科香蒲属
原产地：北半球温带
别名：蒲草、菖蒲、东方香蒲
上市时间：4~9月
花季：夏季
花期：1个星期
诞生花：1月23日、7月19日、11月10日

分类：菊科母菊属
原产地：欧洲、中亚
别名：蓝色洋甘菊
上市时间：4~7月
花季：春季
花期：4~5天
诞生花：2月14日、3月14日、
　　　　　11月3日

花语

超越苦难
给你治愈

洋甘菊（德国洋甘菊）

Chamomile　German chamomile

洋甘菊，又称德国洋甘菊，它的生命力十分顽强，可以在任何环境中生长，因此才被赋予了"超越苦难"的花语。洋甘菊的英文名"Chamomile"源自希腊语，意为"地上的苹果"，它的白花散发苹果般的芳香。据说在古巴比伦时代，人们就将洋甘菊当做药草使用，现在它也是具有安眠和放松功效的知名香草。另外，多年生草本植物罗马洋甘菊虽然同为菊科，却是黄春菊属。

洋甘菊（德国洋甘菊）

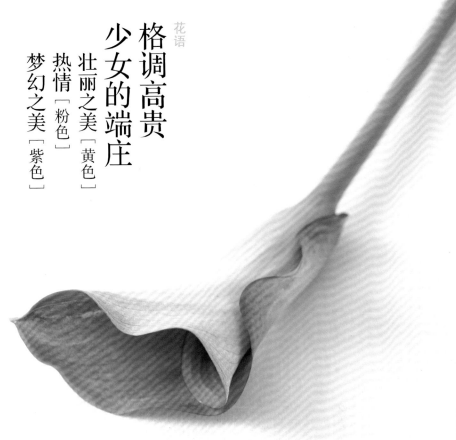

花语

格调高贵
少女的端庄
壮丽之美 [黄色]
热情 [粉色]
梦幻之美 [紫色]

马蹄莲

马蹄莲

Calla lily Arum lily

传说中，马蹄莲是从希腊神话中掌管婚姻和母性的女神赫拉滴落在地的乳汁中长出来的。

白色的马蹄莲清雅美丽，让人联想到它的花语"格调高贵"，是非常受欢迎的婚礼花束花。

马蹄莲的英文名"Calla"源自希腊语"kallos（意为美丽）"。另一种说法是马蹄莲的花形像修女的领子"Collar"，成为名称的来源。马蹄莲看起来像花瓣的部分其实是苞片，中间的棒状部分才是真正的花。

Flower Data

分类：天南星科马蹄莲属
原产地：南非
别名：海芋百合、慈轱花、水芋
上市时间：全年
花季：夏季
花期：1个星期左右
诞生花：7月26日、10月31日、
　　　　　11月26日

Flower Data

分类：玄参科蒲包花属
原产地：南美洲
别名：荷包花、拖鞋花、元宝花
上市时间：4~6月
花季：春季
花期：3~5天
诞生花：3月3日、3月27日、
　　　　　4月24日、5月23日

蒲包花

Slipper flower Pockethook plant

蒲包花的学名源自古希腊语"Calceolus（拖鞋）"，因此它的英文别名"Slipper flower（拖鞋花）"。蒲包花唇状花瓣其中一片膨大呈囊袋状，花姿独特、惹人喜爱，所以又名"荷包花"。

可能荷包的作用是存放重要物品，所以它的花语都与财产、婚姻相关。

花语

致我的伴侣

援助

富贵

蒲包花

袋鼠爪花

Kangaroo paw

袋鼠爪花的花朵为管状花，表面密生绒毛，顶端6裂，质感独特，酷似袋鼠的前爪，由此得名。袋鼠爪花的花姿十分滑稽，因此还被赋予了"带给大家快乐"的花语。它的科名"Haemodoraceae"有"血之献礼"的意思。这是因为澳大利亚的原住民以它红色的地下茎为食。

花语

惊讶、朝气蓬勃

Flower Data

分类：血皮草科袋鼠花属
原产地：澳大利亚西南部
别名：袋鼠花
上市时间：全年
花季：春季
花期：1~2个星期
诞生花：1月6日（红色）、2月5日、9月9日、10月3日（黄色）、11月1日、12月4日

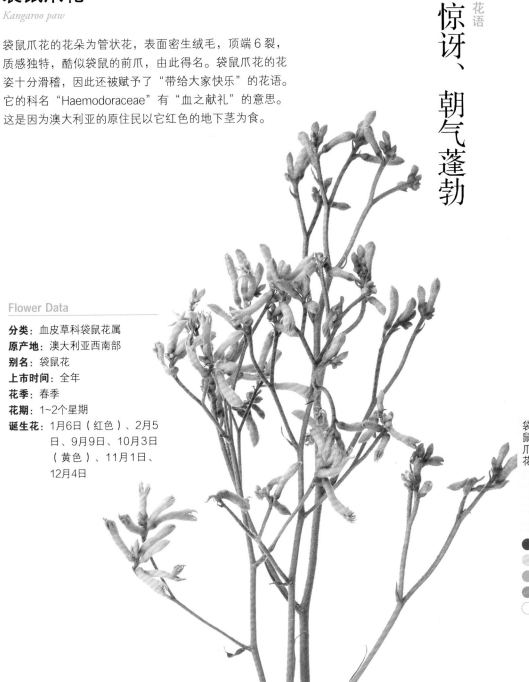

袋鼠爪花

花语

感谢、倾诉心意

风铃草

Flower Data

分类：桔梗科风铃草属
原产地：北半球的温带
别名：钟花、瓦筒花
上市时间：12~7月
花季：夏季
花期：5~7天
诞生花：4月23日、5月15日、
　　　　　7月8日

风铃草

Canterbury bells

风铃草属名源自拉丁语，意为"小钟"，这是因为风铃草的花朵为钟形。因为风铃草的特殊花形，它的花语与基督教会的教义有关。希腊神话中，花神芙罗拉怜惜精灵坎帕尼尔的死亡而将它变成了美丽的风铃草。还有传说爱神阿芙罗狄忒把镜子忘在了地面上，那里长出了风铃草。

Flower Data

分类：桔梗科桔梗属

原产地：中国、日本、朝鲜半岛

别名：包袱花、铃铛花

上市时间：6~7月

花季：夏季

花期：3~5天

诞生花：9月1日、10月22日、
10月31日

花语

不变的爱

高雅 [紫色]

清秀 [白色]

桔梗

桔梗

Ballon flower

桔梗的花语和它凛然而又低调的花姿有关。"桔梗"两字含有"更加吉祥"之意，因此人们尊桔梗为吉祥之花，并用在各种传统图案中。桔梗的根中含有"皂甙"成分，具有祛痰与镇咳、缓解咽喉肿痛的功效，也是中草药的药材之一。

Flower Data

分类：菊科菊属
原产地：中国
别名：秋菊、隐逸花、家菊
上市时间：全年
花季：秋季
花期：1~2个星期
诞生花：1月5日、10月1日、
　　　　　10月14日、12月1日、
　　　　　12月9日

菊花

Chrysanthemum Florist's daisy

农历九月初九为"重阳节"，民间有赏菊和饮菊花酒的风俗，酒中漂浮着菊花瓣，具有驱邪祈福的作用。在日本，菊花是皇室的象征。

白色的菊花在日本是贞洁、诚实的象征；在中国则有哀挽之意，一般用于追悼死者。在古代神话传说中，菊花还被赋予了吉祥、长寿的含义。

花语

高贵
长寿幸福 [黄色]
诚实、哀挽 [白色]
我爱你 [红色]

菊花

Flower Data

分类： 菊科秋英属
原产地： 墨西哥
别名： 黄秋英、黄花波斯菊
上市时间： 7~10月
花季： 夏季~秋季
花期： 5~10天
诞生花： 5月18日、8月12日、
　　　　　 10月2日、10月13日

硫华菊

Golden cosmos Yellow cosmos

硫华菊是秋英属植物，花朵以黄色系和橙色系为主，因此又名"黄秋英"，英文名为"Yellow cosmos"或"Golden cosmos"。叶片宽大，具有深裂。

硫华菊的花朵可以从夏季开到晚秋，它的繁殖能力很强，扎根后凭借散落的种子就能长成一大片。相对于其他摇曳在秋风中，给人纤细之感的秋英属植物，硫华菊更富有野趣，因此它被赋予了"野性之美"的花语。

花语

野性之美

硫华菊

Flower Data

分类：花葱科吉利花属
原产地：北美洲西部
别名：介代花
上市时间：11月~次年5月
花季：夏季
花期：3~5天
　　　　2个星期左右（顶针花）
诞生花：2月27日、3月5日

吉利花

Gilia Bird's-eye gilia

目前市面上流通的吉利花主要有三种，第一种是很多小花聚拢在花茎顶端，形成球状花序的球花吉利花（Gilia reptantha）；第二种是一圈小花组成的顶针花（Gilia capitata）；第三种是花瓣为淡紫色，花朵中间为黑色的单瓣三色吉利花（Gilia tricolor）。不同品种的吉利花，花形和氛围也不尽相同，因此它的花语是"变化莫测的恋情"。吉利花的属名"Gilia"源自于 18 世纪西班牙植物学家 Felipe Luis Gil 的名字。

花语

变化莫测的恋情

吉利花

垂筒花

Cyrtanthus Fire lily

垂筒花的属名"Cyrtanthus"是希腊语"弯曲的花"。
垂筒花的花朵着生在柔软的花茎顶端，向侧方或下方绽
放，因此花语是"容易害羞的人"。

在原产地南非，垂筒花是春季烧荒后开放的花朵，英文
名为"Fire lily"。垂筒花的花形像笛子，又像水仙。

花语

容易害羞的人

垂筒花

Flower Data

分类：石蒜科垂筒花属
原产地：南非
别名：曲管花
上市时间：12~2月（冬季开放的
品种）
5~8月（初夏开放、
夏季开放的品种）
花季：冬季、夏季
花期：3~7天
诞生花：1月22日、11月30日

分类：玄参科金鱼草属
原产地：地中海沿岸地区
别名：龙头花、狮子花、龙口花
上市时间：全年
花季：春季
花期：1个星期
诞生花：2月19日（白色）、
　　　　　3月18日、7月2日、
　　　　　7月10日

花语

多嘴多舌
清纯的心

金鱼草

Common snapdragon Snapdragon

金鱼草因为花朵像金鱼鳍而得名。
在英语中，人们将这种花比作"龙
嘴"，称它为"Snapdragon（龙
口花）"。金鱼草的穗状花序就
像是一个个张开的嘴巴，因此它
的花语是"多嘴多舌"。
金鱼草具有独特的浓烈香气，德
国人因此认为它具有驱魔的功效，
将它悬挂在门口或家畜棚圈内，
当做护身符使用。

金鱼草

Flower Data

分类: 菊科金盏花属
原产地: 地中海沿岸
别名: 金盏菊、长生菊、常春花
上市时间: 10月~次年5月
花季: 春季
花期: 3~7天
诞生花: 3月26日（橙色）、
　　　　8月3日、8月24日

金盏花

Calendula Pot marigold

金盏花的属名"Calendula"与"Calendar（日历）"的词源相同，都是拉丁语"Calendae（意指每个月的第一天）"。这是因为金盏花会随着太阳的升落而开合。希腊神话中有一个关于金盏花的悲伤传说，水泽仙女克丽泰爱上了太阳神阿波罗，但阿波罗不为所动，克丽泰最终化身为金盏花永远守望太阳。金盏花的花语也与此有关。由于金盏花的花期较长，人们认为它象征着长久的爱情，因此将其用做恋爱的守护符和婚礼的花饰。

花语

离愁别绪
慈爱

金盏花

72

孔雀紫苑

Frost aster Frost flower

孔雀紫苑茎多分枝，上面开满了可爱的花朵，看起来就像是展开翅膀的孔雀，因此得名。欧美地区将孔雀紫苑比作星星，它的花期可以持续到霜降之前，因此又名"霜之星""霜之花"。孔雀紫苑会在9月29日纪念天使长米迦勒的米迦勒节期间开放，因此也被称为"米迦勒节的雏菊"。

Flower Data

分类： 菊科紫苑属
原产地： 北美洲
别名： 孔雀草、紫孔雀
上市时间： 全年
花季： 夏季~秋季
花期： 7~10天
诞生花： 9月8日、9月25日、
　　　　　 10月4日、10月11日

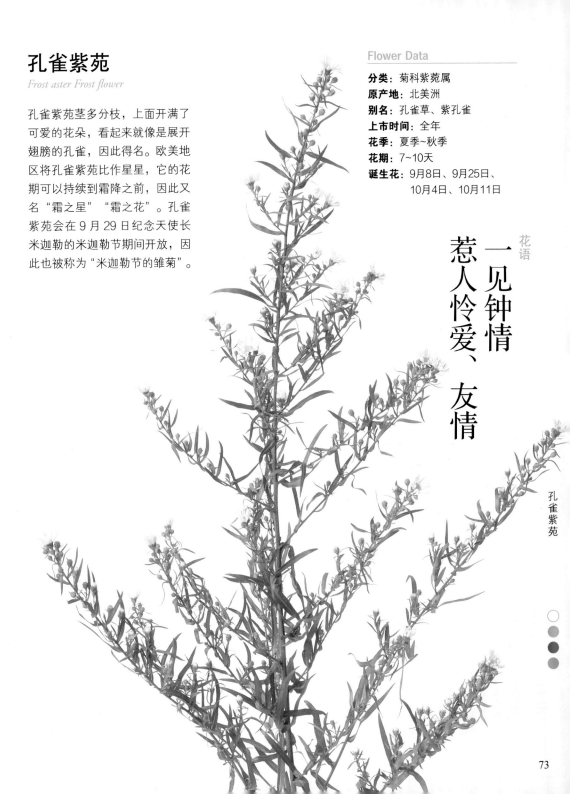

花语
一见钟情
惹人怜爱、友情

孔雀紫苑

栀子

Common gardenia Cape jasmine

初夏的风带来栀子花甜美的香气，因此它的花语是"带来喜悦"。美国有在第一次邀请女孩参加舞会时赠送栀子花的习俗，它的另一个花语"我很幸福"可能由此而来。在日本，栀子还有一个别名叫"缄默"，据说是因为它的果实成熟后也不会裂开。栀子的果实还被用作药材以及菜肴的染色剂。

花语

我很幸福
带来喜悦

栀子

Flower Data

分类：茜草科栀子属
原产地：东亚
别名：山栀子、越桃
上市时间：4~7月
花季：夏季
花期：2~4天
诞生花：3月19日、4月29日、5月
　　　　　 6日、6月30日、7月7日

Flower Data

分类：鸢尾科唐菖蒲属
原产地：南非、地中海沿岸
别名：剑兰、扁竹莲、十样锦
上市时间：全年
花季：夏季
花期：3~10天
诞生花：3月23日、6月14日、
　　　　　7月13日、9月15日

唐菖蒲

Gladiolus Sword lily

唐菖蒲的属名源自希腊语中的"剑"，
因为它的叶片像剑一样细长而笔直。
它在英语中也被称作"剑之花"。唐
菖蒲的花语"胜利"也因此而来。古
代欧洲的恋人们为了避人耳目悄悄幽
会，会将唐菖蒲放在篮子内或做成花
束，用花的数目告知对方幽会的时间，
因此形成了"幽会""谨慎"的花语。

花语

胜利、幽会、谨慎

唐菖蒲

Flower Data

分类：菊科金杖球属
原产地：澳大利亚、新西兰
别名：黄金球、澳洲鼓槌菊
上市时间：6~10月
花季：夏季
花期：1~2个星期
诞生花：6月25日、11月6日

金槌花

Drumstick

金槌（chuí）花的花茎又细又直，圆形的花朵是鲜艳的黄色，花形别具一格，就像是打击乐器的鼓槌，因此英文名为"鼓槌"，花语是"敲响你的心扉"。金槌花的切花只要放在通风良好的地方就能变成干花，而且永不褪色，它的另一个花语就是"永远的幸福"。另外，金槌花的花朵是由很多小花聚拢在一起组成的球状花序。

花语

永远的幸福
敲响你的心扉

金槌花

77

Flower Data

分类：石竹科麦瓶草属
原产地：地中海沿岸
别名：狗筋麦瓶草、大叶蝇子草
上市时间：3~7月
花季：夏季
花期：1个星期
诞生花：6月19日

白玉草

Bladder campion

白玉草的花别具一格，白色或粉色的花瓣长在气球一样圆圆的花托上所以别名"气球花"。浅绿色的"气球"随风摇摆，十分惹人喜爱。

白玉草的花看起来很像果实的部分其实是它的袋状花萼，或许正是这种"伪装"让它获得了花语 "虚假的爱"。

白玉草的观赏时间很长，在花期结束后，花萼也不会掉落。

花语
虚假的爱

白玉草

朱萼梅

Christmas bush New South Wales

朱萼梅的花朵直径约为1厘米，在其原产地澳大利亚晚
春时节（北半球的晚秋）开花。花期结束后，它的花萼
就会开始变大变红，圣诞节期间一树花萼会把高达10
米的树都染红，因此在英语中被称为"Christmas bush
（圣诞灌木）"，多用作圣诞节期间装饰用的切花。

花语

清秀

朱萼梅

Flower Data

分类：合椿梅科朱萼梅属
原产地：澳大利亚
别名：圣诞树
上市时间：10~12月
花季：晚秋（南半球的晚春）
花期：1个星期左右
诞生花：1月7日、12月21日

79

铁筷子

Christmas rose

铁筷子在圣诞节左右开花，花形像玫瑰。古代欧洲人认为原种铁筷子的香气具有治疗抑郁的功效，因此得来了"赐我宁静"的花语（图片为园艺品种）。铁筷子还有一个与圣诞有关的传说。相传，耶稣诞生后人们纷纷前去祝贺，贫穷的牧羊女正在哀叹"我没什么能够当做贺礼"，地面上忽然出现了很多盛开的铁筷子，于是她将它们摘下后献给了耶稣。

Flower Data

分类：毛茛科铁筷子属
原产地：欧洲、地中海沿岸
别名：双铃草、嚏根草、圣诞玫瑰
上市时间：12月~次年4月
花季：冬季
花期：1个星期
诞生花：11月16日、12月13日、12月26日

铁筷子

花语

勿忘我
赐我宁静

80

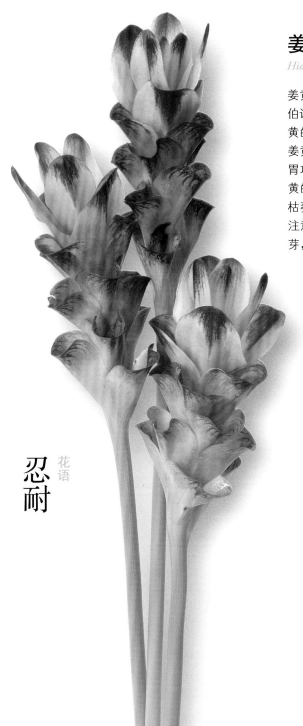

姜黄

Hidden lily Siam tulip

姜黄的属名"Curcuma"源自阿拉伯语"kurkum（黄色）"，因为姜黄的根茎能制作黄色染料。另外，姜黄也可作为咖喱的原料。具有健胃功效的知名中药"郁金"也是姜黄的别名。姜黄不耐寒，冬季就会枯萎，不过只要用稻草妥善保管，注意保温，球根就能够过冬再次发芽，因此它的花语是"忍耐"。

花语
忍耐

Flower Data

分类：姜科姜黄属
原产地：马来半岛、印度
别名：郁金、宝鼎香
上市时间：5~10月
花季：夏季
花期：1个星期
诞生花：8月22日、8月30日

旅行之乐
美丽的心

铁线莲

铁线莲

Clematis Leaher flower

铁线莲的英文名"Clematis"源自希腊语，意为"藤蔓"，它有"攀援植物女王"的美誉。铁线莲在全世界都有分布，还被栽种在道路旁边为人们遮阴，获得了"旅行之乐"的花语。相传，圣母玛利亚带着刚出生不久的耶稣逃往埃及的时候，曾在铁线莲的树阴下休息。因此，铁线莲也被称为"圣母玛利亚的树阴"。

Flower Data

分类：毛茛科铁线莲属
原产地：北美洲、欧洲、中国、
　　　　　日本
别名：铁线牡丹、番莲、威灵仙
上市时间：3~12月
花季：春季~秋季
花期：5~7天
诞生花：7月1日、9月12日、
　　　　　10月22日

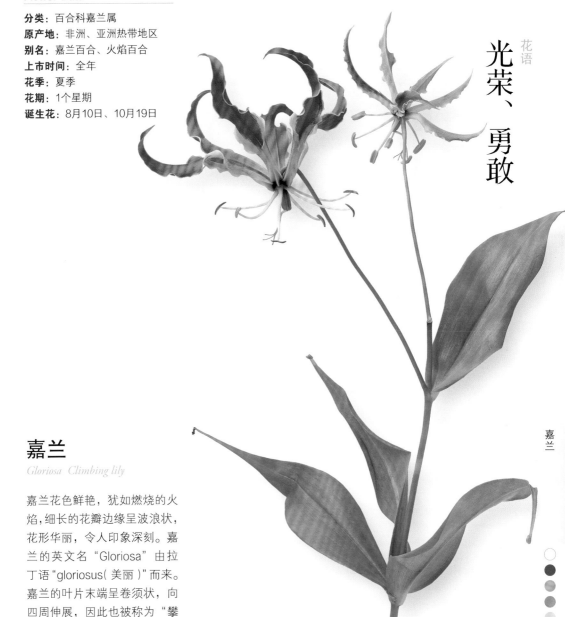

Flower Data

分类：百合科嘉兰属
原产地：非洲、亚洲热带地区
别名：嘉兰百合、火焰百合
上市时间：全年
花季：夏季
花期：1个星期
诞生花：8月10日、10月19日

花语

光荣、勇敢

嘉兰

嘉兰

Gloriosa Climbing lily

嘉兰花色鲜艳，犹如燃烧的火焰，细长的花瓣边缘呈波浪状，花形华丽，令人印象深刻。嘉兰的英文名"Gloriosa"由拉丁语"gloriosus（美丽）"而来。嘉兰的叶片末端呈卷须状，向四周伸展，因此也被称为"攀缘百合"。嘉兰的球根与山芋类似，但其中含有毒素秋水仙碱，如果误食会造成人身危险。

鸡冠花

Cockscomb   Plumed cockscomb

鸡冠花的花朵红艳如丝绒，形似雄鸡的鸡冠。在英语、德语和法语中，它的名字也都是鸡冠之意。它充满个性的花形，让它的花语也是"与众不同"和"爱打扮"。现在市面上流通的鸡冠花可分为普通鸡冠花、久留米鸡冠花、凤尾鸡冠花和青葙（xiāng）四大类，花形和大小相差很多。

花语

与众不同
爱打扮

鸡冠花

Flower Data

分类：苋科青葙属

原产地：亚洲、非洲的热带地区

别名：鸡髻花、老来红、鸡头

上市时间：5~12月

花季：夏季~秋季

花期：5~7天

诞生花：8月24日、9月5日、9月8日、9月28日、9月30日

Flower Data

分类：菊科秋英属
原产地：墨西哥
别名：大波斯菊、秋樱
上市时间：4~11月
花季：秋季
花期：5~10天
诞生花：9月3日、9月27日、10
　　　月5日（黄色）、10月6
　　　日（红色）

波斯菊

Cosmos

波斯菊是秋季最具代表性的花卉之
一。作为"秋季开放得像樱花一样
的花"而被赋予了"秋樱"的别名。
波斯菊看似纤细，实则生性强健，
非常容易种植，因此迅速地普及开
来。波斯菊的英文名"Cosmos"来
自希腊语中的"Kosmos"，意为"和
谐""秩序"和"美丽"。

花语

和谐
优美［白色］
少女的爱［红色］
少女的纯洁［粉色］

波斯菊

Flower Data

分类：兰科蝴蝶兰属
原产地：东南亚
别名：蝶兰
上市时间：全年
花季：全年
花期：10~15天左右
诞生花：1月17日、10月17日、
　　　　　11月2日

蝴蝶兰

Moth orchid Phalaenopsis

蝴蝶兰的花朵大而美丽，因其花形如翩翩飞舞的蝴蝶而得名。它的花姿高洁优雅，学名"Phalaenopsis aphrodite"中包含了爱与美之神阿佛洛狄忒（Aphrodite）的名字，花语也与此有关。蝴蝶兰作为新娘的捧花花材在婚礼上备受瞩目。

花语

纯粹的爱
幸福即将降临
清纯［白色］我爱你［粉色］

蝴蝶兰

棉花

Cotton Tree cotton

公元前2500年左右，印度河文明地区就开始种植棉花。棉花可用来制作棉织品，果实可以用来榨取棉籽油，为我们的生活发挥了重要的作用，因此获得"有价值"的花语。棉花的花朵为浅黄色，花瓣薄薄的十分可爱。花落后结出的果实中是富有弹性、软绵绵的棉花，中间隐藏着棉籽，棉籽中可以榨出油。

优秀、有价值

棉花

（果）

Flower Data

分类：锦葵科棉属
原产地：印度、阿拉伯
别名：一
上市时间：11月~次年1月
结果期：秋季
观赏时长：一
诞生花：8月30日、10月18日、
　　　　　10月21日、12月12日

优雅、友情

麻
叶
绣
线
菊

麻叶绣线菊
Reeves spirea Spirea

麻叶绣线菊盛开的白色小花聚拢成一团，看起来就像手
鞠球一样。春天时绽放的花朵满布枝头，几乎将枝条压弯，
花姿优雅秀美，因此花语是"优雅"。另外，麻叶绣线
菊看起来也像连成串的铃铛。麻叶绣线菊和比它大上一
圈的绣球荚蒾花形有点像，不过麻叶绣线菊属于蔷薇科，
而绣球荚蒾为忍冬科。

Flower Data

分类：蔷薇科绣线菊属
原产地：中国东南部
别名：麻叶绣球
上市时间：3~5月
花季：春季
花期：3~7天
诞生花：1月15日、2月10日、
          4月8日、4月15日

樱花

Cherry blossom

花语

优美的女性

精神之美

樱花起源于中国。在两千多年前的秦汉时期，樱花就已在中国的宫苑内栽培。唐朝时，樱花已普遍出现在私家庭院。樱花传入日本后，经过精心培育不断增加品种，成为一个丰富的樱家族。在成为日本国花后，樱花更受关爱，培育出冠绝世界的品种。在《中国植物志》新修订的名称中，樱花专指"东京樱花"，亦称"日本樱花"。

樱花

Flower Data

分类：蔷薇科樱属
原产地：北半球温带
别名：一
上市时间：12月~次年4月
花季：春季
花期：5~10天
诞生花：4月1日、4月7日、
　　　　4月9日、4月13日

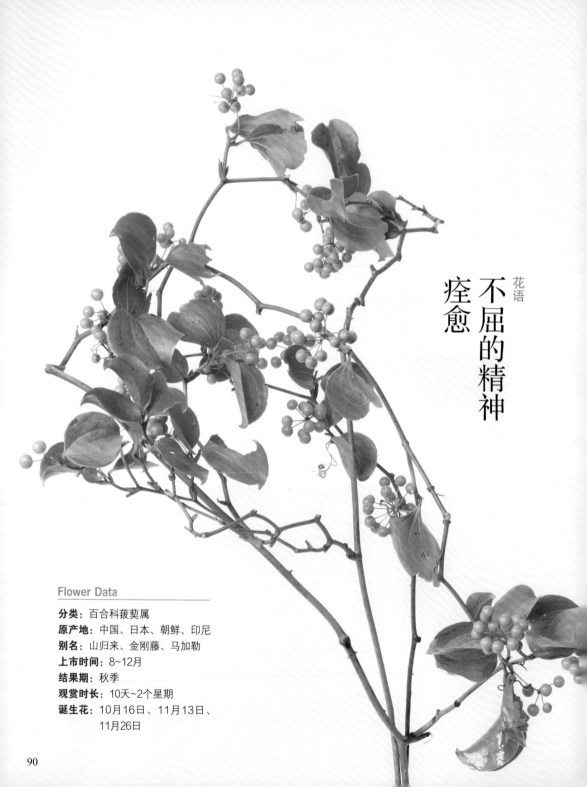

花语

痊愈 不屈的精神

Flower Data

分类：百合科菝葜属
原产地：中国、日本、朝鲜、印尼
别名：山归来、金刚藤、马加勒
上市时间：8~12月
结果期：秋季
观赏时长：10天~2个星期
诞生花：10月16日、11月13日、
11月26日

菝葜

China root

菝葜（bá qiā）的果实在晚秋时节变成红色，
比花更具观赏性，是非常受欢迎的花材，
主要用于制作圣诞花环。人们认为菝葜具
有解毒的功效。菝葜别名"山归来"，因
为当时的人们认为病人在山中食用菝葜果
实回来后就会痊愈。菝葜的花语"痊愈"
可能由此而来。

菝葜

（果）

91

保持、强健

山茱萸

山茱萸

Cornus fruit Japanese cornel

山茱萸的果实作为具有强身健体、消除疲劳功效的药材而为人们所熟知，主要用于制作药酒或中药的八味地黄丸。花语也来自它的药效。

山茱萸先开花，后长叶，春天到来后，黄色的小花缀满枝头，满树金黄、灿烂如霞。秋天到来后，类似茱萸的果实成熟后，色泽鲜红就像珊瑚一样，因此又名"秋珊瑚"。

Flower Data

分类： 山茱萸科山茱萸属
原产地： 中国、朝鲜半岛
别名： 肉枣、药枣、天木籽
上市时间： 1~11月
花季： 春季
花期： 1个星期左右
诞生花： 1月18日、2月12日、
3月17日

宫灯百合

Sandersonia Christmas bells

宫灯百合是由19世纪移民南非的约翰·桑德森发现的花卉，并以他的名字命名。它的花语"望乡"和"祈祷"据说与移民者思念祖国、祈祷成功的心愿有关。宫灯百合的花形饱满，酷似铃铛，又因为在南非当地于12月左右开花，在英语中得名"圣诞钟"，被赋予"福音"的花语。

Flower Data

分类：百合科宫灯百合属

原产地：南非

别名：圣诞风铃、宫灯花、金色风铃

上市时间：全年

花季：夏季

花期：7~10天

诞生花：5月15日、9月19日、12月24日

花语

福音 祈祷 思乡

龙船花

Chinese ixora

龙船花在其原产地等温暖的地区可以一年开花三次，花语"热切的思念"。龙船花的属名"Ixora"的来自梵语"Iswara"，是印度教的最高神湿婆神（Śiva）的意思。龙船花是供奉湿婆神的花，另一个花语"神的礼物"也源自于此。

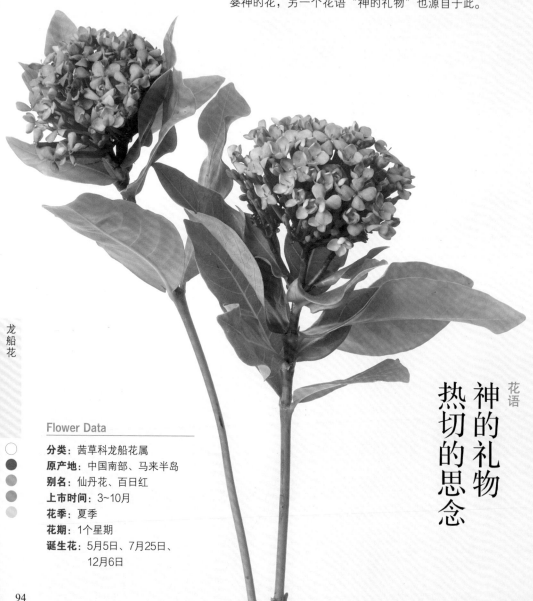

龙船花

花语

神的礼物
热切的思念

Flower Data

○ **分类**：茜草科龙船花属

● **原产地**：中国南部、马来半岛

● **别名**：仙丹花、百日红

● **上市时间**：3~10月

○ **花季**：夏季

花期：1个星期

诞生花：5月5日、7月25日、12月6日

Flower Data

分类：芸香科茵芋属
原产地：日本、朝鲜半岛、中国
别名：卑山共、莞草、茵蒢
上市时间：全年
花季：春季
花期：7~10天左右
诞生花：1月24日、10月31日

茵芋

Skimmia

秋天到来后，茵芋红色的花蕾就会像绷针头一样挂满枝头，并保持这种状态越冬。等到春天来了，白色的小花依次开放，散发出淡淡的甜香。茵芋的花语"清纯"也许就来自它给人留下的印象。

花语
清纯、宽厚

茵芋

Flower Data

分类：报春花科仙客来属
原产地：地中海沿岸
别名：兔耳花、篝火花、翻瓣
　　　莲
上市时间：11月~次年3月
花季：冬季
花期：5~7天
诞生花：1月8日、1月14日、
　　　12月7日

仙客来

Cyclamen Sow bread

仙客来的花瓣反卷向上，看起来就像篝火的火焰，因此也被称为"篝火花"。

仙客来给人以华丽大气的印象，但它的花语却十分低调。很久以前，所罗门王想要用鲜花来装饰王冠，他与很多花儿沟通后，大家都拒绝了，只有仙客来答应了他的要求。所罗门王道谢后，仙客来害羞地垂下了头。据说仙客来的花语就源自这个传说。

花语

周到
内向
嫉妒

清纯 ［白色］
　　　［粉色］
　　　［红色］

仙客来

96

Flower Data

分类：芍药科芍药属
原产地：中国、蒙古、朝鲜半岛
　　　　北部
别名：离草、婪尾春
上市时间：3~7月
花季：春季
花期：4~7天
诞生花：5月2日、5月18日、
　　　　5月19日、7月24日

花语

恭敬
腼腆［粉色］
幸福的婚姻［白色］
诚实［红色］

芍药

Paeonia lactiflora Chinese peony

芍药作为美女的代名词，它的花名来自于"绰约"一词，意为"姿态柔美优雅、婀娜动人"。芍药美艳不凡、引人注目，但它的花语却很低调，似乎是因为日落后芍药的花冠就会闭合。

芍药根具有镇痉、镇痛、通经的作用，因此被用于多种中药。

芍药

花语

我见犹怜
激情四射

柔和 [白色]

优美 [黄色]

素馨
Jasmine

素馨的花名来自波斯语中"神的礼物"，因其花香甜美优雅，也被称为"花香之王"。素馨花是知名的香水和精油原料，但大量的鲜花也只能提取微量的精油。素馨花半夜开放，黎明前香气最为浓郁，因此黎明前采摘为最佳。素馨花颜色洁白、美丽动人，因此花语是"我见犹怜"和"优美"，又因为具有妖艳的香气，也被赋予了"激情四射"的花语。

Flower Data

分类：木樨科素馨属
原产地：亚洲、非洲的热带和亚热带地区
别名：素英、大花茉莉、耶悉茗
上市时间：3~6月
花季：春季
花期：3~5天
诞生花：4月3日、6月8日、11月27日

Flower Data

分类： 石竹科蝇子草属
原产地： 欧洲中南部
别名： 脱力草、粘蝇草
上市时间： 全年
花季： 春季~夏季
花期： 3~7天
诞生花： 4月16日、5月9日、
　　　　　7月28日

蝇子草

Silene Catchfly

很多蝇子草属植物的花朵下方及花茎可以分泌一种黏液。据说人们认为这很像酒神巴克斯的养父西勒诺斯醉酒后口吐白沫的样子，就给这种花起了与西勒诺斯发音相近的名字。

蝇子草可以黏住落在上面的虫子，因此也被称为"粘蝇草"。因为它的这种特性，所以得到了"余情未了""纠缠"的花语。

花语
青春的气息
余情未了

蝇子草

Flower Data

分类：豆科车轴草属
原产地：欧洲
别名：白三叶、车轴草、白花苜
　　　蓿、荷兰翘摇
上市时间：5~9月
花季：春季~夏季
花期：1个星期
诞生花：3月3日、6月17日、
　　　8月29日、8月31日

白车轴草

Clover　White clover

据说在公元 432 年，圣帕特里克来到爱尔兰，用白车轴草的三片叶子介绍了三位一体教义，传播了基督教。后来白车轴草成为了爱尔兰的国花，圣帕特里克的忌日被定为"圣帕特里克节"，当地形成了在这一天佩戴三叶白车轴草的风俗。白车轴草"约定"的花语也许正与此有关。

花语
幸运、约定
请记得我

白车轴草

Flower Data

分类：兰科兰属

原产地：东南亚、南亚、大洋洲

别名：虎头兰、喜姆比兰、蝉兰

上市时间：全年

花季：冬季~春季

花期：2个星期~1个月

诞生花：12月5日（白色）、
　　　　　12月13日（粉色）、
　　　　　12月18日

大花蕙兰

Cymbidium Cymbidium orchid

大花蕙兰是最受欢迎的洋兰品种之一，它的花期较长，与蝴蝶兰同为适合作为馈赠礼品的盆栽植物。大花蕙兰花姿清新高雅，得到花语"高贵的美人"。以兰科植物而言，大花蕙兰的花色大多较为淡雅，因此也得到了"真心一片""朴素"的花语。其花名"Cymbidium"源自希腊语，意为"船形"，来源据说是花瓣的形状。

花语

真心一片、朴素、高贵的美人

高雅的女性

深闺佳人[白色] 诚实的爱情[黄色]

[粉色] 野心[黄绿色]

大花蕙兰

101

无私奉献

Flower Data

分类：忍冬科毛核木属
原产地：北美洲
别名：雪莓、白雪果
上市时间：8~11月
结果期：秋季~冬季
观赏时长：10天~2个星期
诞生花：9月6日、10月23日、
10月25日

毛核木
Snowberry

初夏时节，毛核木开花了，粉色的花朵就像小号的铃兰，十分可爱，到秋天会结出像珍珠一样晶莹剔透、洁白如雪的果实。毛核木的属名"Symphoricarpos"意为"聚集在一起的果实"，取自它连结成串的果实。毛核木的英文名"Snowberry"源自于它洁白如雪、惹人喜爱的样子。毛核木在隆冬时节的观赏时间很长，因此人们大多将它作为观果植物而非观花植物来种植。

香豌豆

Sweet pea

香豌豆（Sweet pea）是散发着淡淡清香的豆科花卉，欧洲人常用它来装饰卧室。原始种的香豌豆花朵较小，仅有淡紫色一种，19 世纪开始不断进行品种改良，如今香豌豆拥有丰富的花色和好像精美花边一样的花瓣，让它越来越受人们的喜爱。香豌豆的花语与它给人的春天般温暖的感觉以及花形有关。由于英国王后钟爱香豌豆花并将它们用在典礼上，20 世纪香豌豆花才开始风靡全世界。

Flower Data

分类：豆科山黧豆属
原产地：意大利西西里岛
别名：花豌豆、麝香豌豆
上市时间：11月~次年4月
花季：春季~初夏
花期：5天左右
诞生花：3月20日、3月30日、
　　　　　　6月9日

温暖的回忆
出发
像蝴蝶一样飞舞

香豌豆

水仙
Narcissus

水仙属名"Narcissus"源自希腊
神话中的美少年那耳喀索斯，他
痴迷于水中自己的倒影，后来变
成了水仙，水仙的花语"自恋"
也与这个故事有关。还有一种说
法认为"Narcissus"的词源是希
腊语"narkhv"，意为"麻痹"和"昏
迷"等，因为整株水仙花，特别
是它的球根含有毒性。

花语

自恋
神秘［白色］
回到我身边［黄色］
高雅的女性［粉色］
尊敬［洋水仙］

Flower Data

分类：石蒜科水仙属
原产地：地中海沿岸
别名：金银台、雪中花、凌波仙子
上市时间：10月~次年6月
花季：冬季~春季
花期：3~7天
诞生花：1月3日（白色）、1月4
　　　日（白色、黄色）、1月
　　　13日（白色）

星座守护花 I

白羊座~处女座的星座守护花和花语的介绍

白羊座 *Aries*

3/21 ～ 4/19

非洲菊（P54）

希望
一往无前 ［红色］

巨蟹座 *Cancer*

6/22 ～ 7/22

洋桔梗（P146）

娟秀
希望 ［深紫色］

金牛座 *Taurus*

4/20 ～ 5/20

六出花（P32）

憧憬未来
持久

狮子座 *Leo*

7/23 ～ 8/22

嘉兰（P83）

光荣
勇敢

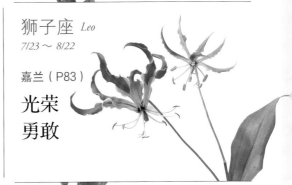

双子座 *Gemini*

5/21 ～ 6/21

玫瑰（P160）

爱与美
执情 ［红色］

处女座 *Virgo*

8/23 ～ 9/22

百合（P222）

纯粹
无瑕

蓝盆花

Scabiosa Egyptian rose

蓝盆花的英文名"Scabiosa"来自拉丁语，原意为"疥疮"，因为蓝盆花曾被用于治疗疥疮。蓝盆花包含日本蓝盆花、窄叶蓝盆花、小花蓝盆花、黄盆花、紫盆花等品种。西方国家大多会为紫色的花赋予悲伤的花语，蓝盆花也同样有"寡妇"和"丧失"等花语。

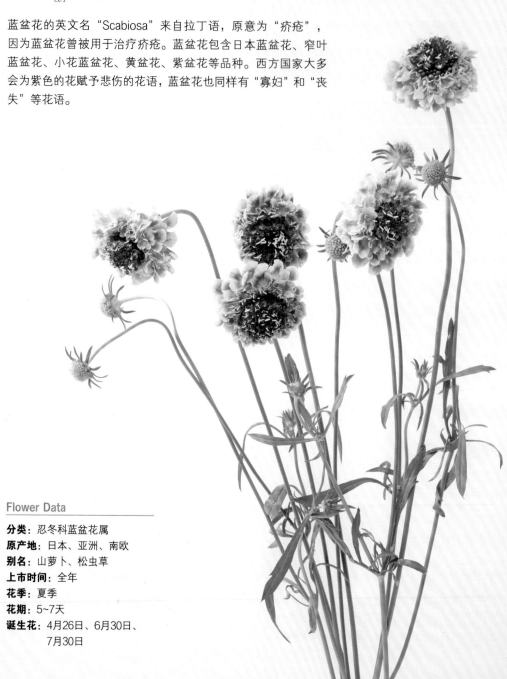

Flower Data

分类：忍冬科蓝盆花属
原产地：日本、亚洲、南欧
别名：山萝卜、松虫草
上市时间：全年
花季：夏季
花期：5~7天
诞生花：4月26日、6月30日、
　　　　　7月30日

风情 _{花语}

蓝盆花

茶藨子

Currant Gooseberry

多个品种野生茶藨（biāo）子，结出的圆形果实味道很酸，所以
被称为"醋栗"。茶藨子的果实成熟后可用来制作果酱，这就
是它的花语"为你带来欢乐"的由来。

根据果实的大小、着生方式、颜色等可将茶藨子分为很多种类，
一般在鲜花店出售的是初夏时节结出红色果实的"红茶藨子"。

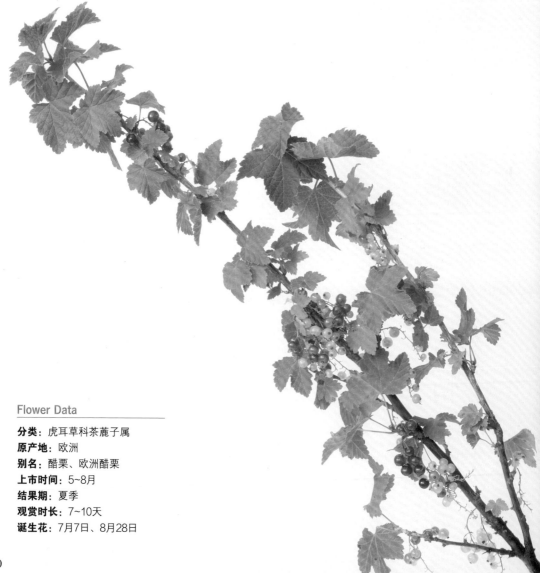

Flower Data

分类：虎耳草科茶藨子属
原产地：欧洲
别名：醋栗、欧洲醋栗
上市时间：5~8月
结果期：夏季
观赏时长：7~10天
诞生花：7月7日、8月28日

为你带来欢乐

茶藨子

（果）

Flower Data

分类：百合科铃兰属
原产地：欧洲、东亚、日本
别名：君影草、香水花
上市时间：1~6月
花季：春季
花期：3~5天
诞生花：5月1日、5月5日、5月
　　　　　24日

花语

幸福
纯粹、纯洁

铃兰

铃兰

Lily of the valley

盛开的铃兰就像是一串串小铃铛，十分惹人喜爱。铃兰花香怡人，因此在法语中它被称为"muguet"，这个词语源自"musc（麝香）"。欧洲自古以来就将铃兰视为与圣母玛利亚有关的花卉，因此它的花语是"纯粹"和"纯洁"。据说，法国人认为5月1日赠送铃兰幸福就会到来，因此临近5月时，街头到处都在出售铃兰花束。

补血草

Statice Limonium

补血草因刷子一样的花形而闻名，它看起来像花的部分其实是苞片。最近市面上出现了一些细枝进一步分化，苞片更大的品种。因为它摸起来很干燥，做成干花后也不褪色，能始终保持美丽的样子而被赋予了"我心依旧"和"永恒不变"的花语。补血草的英文名"Statice"是它的旧属名，源自于希腊语"statizo（停止）"，因为它曾被用作缓解腹泻的草药。补血草的根和全草民间药用，有收敛、止血的作用，因此而得名。

花语

我心依旧
端庄 [紫色]
永恒不变 [粉色]

补血草

Flower Data

分类：白花丹科补血草属
原产地：欧洲、地中海沿岸
别名：深波叶补血草、海赤芍、
　　　　鲂仔草、白花玉钱香
上市时间：全年
花季：夏季
花期：10天~2个星期
诞生花：5月7日、11月11日、
　　　　11月19日

紫罗兰

Brampton stock Common stock

古希腊人曾种植紫罗兰作为草药，它的花茎较粗，竖直生长，因为在英语中被命名为"Stock〔茎、干之意〕"。紫罗兰的花期较长，香气持久，因此被赋予了"永恒的美"的花语。据说，中世纪的法国男性将紫罗兰放在帽子里表示"一心一意爱着你"的意思，因此紫罗兰也是象征"永恒的爱情纽带"的花卉。

永恒的美
永恒的爱情纽带

花语

相信我［红色］
充实的爱［粉色］
豁达的爱［紫色］
寂寞的爱［黄色］
隐秘的爱［白色］

Flower Data

分类：十字花科紫罗兰属
原产地：南欧、四桃客、草紫罗兰
别名：草桂花
上市时间：10~5月
花季：春季
花期：5~7天
诞生花：1月10日、3月5日（单瓣）、5月6日、7月16日、12月31日（重瓣）

紫罗兰

Flower Data

分类：旅人蕉科鹤望兰属
原产地：南非
别名：天堂鸟、极乐鸟花
上市时间：全年
花季：不定期
花期：1~2个星期
诞生花：11月23日、12月16日

花语

装模作样的恋爱
光辉的未来

鹤望兰

鹤望兰

Strelitzia Bird of paradise

鹤望兰的花色十分鲜艳，极富南国风情，花姿个性十足，仿佛展开翅膀的鸟，因此别名"极乐鸟花"。可能因为骄傲地挺拔向上的独特花姿，得到了"装模作样的恋爱"的花语。鹤望兰有一个非常有趣的特征，它的同一个花蕾可以多次开花，因此观赏时间较长。另外，因为鹤望兰颜色艳丽，又拥有"极乐"这样吉祥的名字，成为备受青睐的新年装饰花卉。

绛车轴草

Strawberry candle Crimson Clover

绛车轴草拥有鲜红色的穗状花序，看起来像是熟透的草莓，又像燃烧的蜡烛，所以又叫"草莓蜡烛"，它的花语"灿烂的爱""燃烧热情"也是由此而来。绛车轴草与白车轴草为同属近亲，所以也有"绛三叶"的别名。

花语

耀眼夺目的爱
点亮心灵的灯火
我见犹怜

绛车轴草

Flower Data

分类：豆科车轴草属
原产地：欧洲、西亚
别名：绛三叶、地中海三叶草
上市时间：11月~次年6月
花季：春季~初夏
花期：7~10天
诞生花：3月9日、4月20日、
　　　　　5月8日

Flower Data

分类：石蒜科雪片莲属
原产地：欧洲中南部
别名：雪花莲、小雪钟、铃兰水仙
上市时间：4~5月
花季：春季
花期：5天左右
诞生花：1月28日、4月16日、
　　　　　12月19日

雪片莲

Summer snowflake　Loddon lily

雪片莲英文名"Snowflake"，翻译成中文"一片雪"，是令人心灵都为之一颤的名字。洁白的花瓣垂首开放，边缘点缀着绿色的斑点，更显得清秀美丽，它的花语就来自这样的花姿。雪片莲在原产地是初夏开花，因此被称为"Summer snowflake"。另外，它的叶片令人联想到水仙，花形类似铃兰，别名"铃兰水仙"。

花语

纯粹
冰清玉洁的心

雪片莲

花语

恢谐幽默
十分期待

Flower Data

分类：忍冬科荚蒾属
原产地：欧洲、北非
别名：欧洲琼花
上市时间：3~12月
花季：春季
花期：5~7天左右
诞生花：3月6日、7月27日

欧洲荚蒾

欧洲荚蒾

Snowball Arrowwood

欧洲荚蒾的小花聚拢成团，看起来就像是小朵的绣球花。花朵最初为黄绿色，逐渐会变为白色，越来越像雪球，因此得名 "Snowball"。欧洲荚蒾与同为荚蒾属的 "绣球荚蒾" 外形十分相似，欧洲荚蒾的叶片具裂，3 裂或 5 裂，很容易分辨。欧洲荚蒾春季是观花植物，秋季还可以观赏果实。

黄栌

Cotinus coggygria

黄栌初夏开花，花朵很小，花期结束后不育花的花梗会变长，好像软绵绵的棉花糖，远看就像是缭绕的烟雾，因此被称为"Smoke tree"。黄栌的雄株没有烟雾状的不育枝，但随着季节变化的萌芽、红叶、落叶等变化，同样十分可观。花语"高明"源自于"云山雾罩"的联想，"稍纵即逝的青春"则是以瞬间消失无踪的烟雾来比喻短暂的青春。

花语

高明
稍纵即逝的青春

Flower Data

分类：漆树科黄栌属
原产地：欧洲、喜马拉雅、中国
别名：烟树、红叶树
上市时间：5~11月
花季：夏季
花期：10天~2个星期
诞生花：4月28日、6月18日、
　　　　　11月25日

Flower Data

分类：牻牛儿苗科天竺葵属
原产地：南非
别名：洋葵、驱蚊草、洋蝴蝶
上市时间：4~6月、9~11月
花季：春季、秋季
花期：3~7天
诞生花：5月26日、6月28日、
　　　　10月12日

天竺葵
Geranium Pelargonium

天竺葵的属名"Pelargonium"源自于希腊语，意为"鹳"，因为天竺葵的果实有点像鹳嘴。不同品种的天竺葵叶片具有不同的独特香味，虫子不喜欢这种香气，欧洲人就利用天竺葵驱虫，进而形成了将天竺葵当做具有驱魔辟邪功效的护符放在窗边的习俗。天竺葵的花语"信赖"和"有你陪伴很幸福"都与它的这种特性有关。

花语
尊敬、信赖
决心［粉色］
有你陪伴很幸福［红色］
意外的相遇［黄色］

天竺葵

121

娇娘花

Brushing-bride

娇娘花的花蕾中露出软绵绵的
绒毛，当绒毛膨胀时花就开了。
层层叠叠看起来像花瓣的部分
是它的苞片。随着花朵的绽放，
奶油色的苞片会染上粉红色，
就是它的英文名"双颊绯红的
新娘"所代表的含义，娇娘花
是非常受欢迎的婚礼花束花材。
娇娘花的花语"淡淡的恋慕""怜
爱之心"也都与它的花姿有关。

Flower Data

分类：山龙眼科娇娘花属
原产地：南非
别名：新娘花
上市时间：全年
花季：春季~初夏
花期：5~7天
诞生花：7月9日、11月16日

娇娘花

花语
淡淡的恋慕
怜爱之心

千日红

Globe amaranth Gomphrena

它比号称花期长达百天的百日红的花期更长，因此得名千日红。千日红的球形小花看起来朴素又惹人喜爱，但球形部分实际是聚拢的苞片。千日红做成干花后永不褪色，因此它的花语都与此有关。日本一直将千日红作为佛花，欧洲人也会用千日红的干花来装饰房间或供奉在墓地上。

Flower Data

分类：苋科千日红属
原产地：美洲热带地区、南亚
别名：火球花
上市时间：7~10月
花季：夏季~秋季
花期：5~10天
诞生花：8月26日、9月22日、12月23日

花语
不变的爱
永恒的生命

千日红

123

草珊瑚

Japanese Sarcandra Sarcandra

草珊瑚在隆冬时节叶片翠绿,果实鲜红,看起来十分喜庆,
是新年期间必不可少的装饰品,它的花语也都寓意吉祥。
草珊瑚既可制作清雅小巧的盆栽,置于室内观赏,也可
用于园林、庭院的绿化点缀。草珊瑚和另一种同样结红
色果实的植物——朱砂根,外形十分类似,但朱砂根的
果实长在叶片下方,而草珊瑚的果实则长在叶片上方,
叶片也更大一些。

富贵
得天独厚的才华

草珊瑚

●
（果）

Flower Data

分类：金粟兰科草珊瑚属
原产地：东亚的亚热带~热带
别名：满山香、九节兰
上市时间：12月~次年1月
结果期：冬季
观赏时长：1个月左右
诞生花：1月3日、1月11日、
　　　　12月17日、12月28日

花语

秘密的心意

蓝花茄

蓝花茄
Blue potato bush

蓝花茄的秧苗种下后就会横向蔓延，从春季到晚秋接连不断地开紫色小花。刚绽开的花色深而艳，将要凋谢时颜色变淡。蓝花茄的花语"秘密的心意"与花瓣中间深蓝紫色的星形凸起有关。蓝花茄的叶片为深绿色，最近市面上也出现了很多斑叶蓝花茄。

Flower Data

分类：茄科红丝线属
原产地：阿根廷、巴拉圭
别名：蓝花十萼茄
上市时间：6~9月（盆栽）
花季：夏季~秋季
花期：5~10天
诞生花：8月29日

一枝黄花

Goldenrod

一枝黄花（Solidago altissima）的观赏品种，长长的花茎
末端开满了像泡沫一样的黄色小花。一枝黄花可以与任何
花卉搭配，成为插花艺术中备受青睐的配花。欧洲古时候
就将一枝黄花属植物当做药草使用。一枝黄花的叶片和花
朵上都长有绒毛，可以防止蜜蜂过量采蜜，因此被视为"预
防灾祸"的象征得到了"谨慎"花语。

Flower Data

分类：菊科一枝黄花属
原产地：北美洲
别名：野黄菊、满山黄
上市时间：全年
花季：夏季~秋季
花期：5~7天左右
诞生花：8月13日、10月19日

鼓 谨
励 慎

一枝黄花

大丽花

Dahlia

大丽花明艳华贵，有"花之女王"的美誉，自从 18 世纪引进欧洲后，培育出了很多新品种。相传，大丽花是拿破仑的王后约瑟芬钟爱的花卉。她收集了很多珍贵的品种并以此为傲，后来一个贵族偷走了球根，他的庭院中也开出了美丽的大丽花，约瑟芬知道后一下子就对大丽花失去兴趣了，据说这个故事就是花语"善变"的来历。

Flower Data

分类： 菊科大丽花属

原产地： 墨西哥、危地马拉

别名： 西香莲、天竺牡丹、大丽菊

上市时间： 全年

花季： 夏季~秋季

花期： 2~5天

诞生花： 6月5日、7月29日、
　　　　　8月17日、9月15日

花语

华丽、高雅、善变

大丽花

129

晚香玉

Tuberose

一般认为晚香玉原产于墨西哥，
但在当地并未找到野生种，所以
它被视为原产地尚未确定的神秘
花种。夜晚时，晚香玉的香气更
加浓郁，特别是月夜，直到黎明
它都会散发出浓郁的甜蜜香气，
因此才有了"月下香"的别名。
它在马来西亚和印度被称为"夜
之女王"。晚香玉的花语"危险
的快乐"就源自于它充满异国情
调的花香。

险中求乐

晚
香
玉

Flower Data

分类：石蒜科晚香玉属
原产地：墨西哥
别名：夜来香、月下香
上市时间：8~9月
花季：夏季
花期：5~7天
诞生花：1月29日、6月16日、
　　　　　9月2日

博爱
体贴

爱的表白 [红色]

无望的恋情 [黄色]

失去的爱 [白色]

不灭的爱 [紫色]

爱的萌芽 [粉色]

永恒的爱 [橙色]

Flower Data

分类：百合科郁金香属
原产地：中亚、北非
别名：洋荷花、草麝香、荷兰花
上市时间：11月~次年5月
花季：春季
花期：5天左右
诞生花：2月15日（鹦鹉型）、
　　　　3月4日（红色）、4月
　　　　16日、5月17日（黄
　　　　色）、10月15日（黄
　　　　色）、12月15日

郁金香

Tulip

荷兰有一个关于郁金香的传说。很久以前，荷兰有一位少女，三名骑士分别拿出珍贵的宝物——王冠、宝剑和黄金，向她求婚，她没有选择他们中任何一人，却祈求花神芙罗拉把自己变成花。因此郁金香的花朵代表王冠，叶片代表宝剑，球根代表黄金。因为这个传说，郁金香的花语是"博爱"与"体贴"。

郁金香

巧克力秋英

Chocolate Cosmos

巧克力秋英是秋英属植物，花如其名，它的香气和深红褐色的花色令人联想到巧克力。巧克力秋英原产墨西哥，虽然野生原种已经灭绝，不过以"巧克力"和"太妃糖巧克力"等甜点般名字命名的杂交品种已经面世。巧克力秋英中含有一种名为香草醛的成分，可以发出类似巧克力的香味。它的花语"恋爱的回忆"则来自情人节的联想。

恋爱的回忆
坚定不移

花语

Flower Data

分类：菊科秋英属
原产地：墨西哥
别名：巧克力波斯菊
上市时间：5~11月
花季：初春~秋季
花期：5~7天
诞生花：9月24日、10月1日、
　　　　 10月27日、11月15日

山茶

Camellia

山茶原产于中国，自古以来为人们所喜爱，是中国的传统园林花木。据说，山茶常绿的叶片以及红、白的花朵具有辟邪的功效，因此被当作招福、长寿、吉利的树木。山茶品种繁多，花大多数为红色或淡红色，也有白色，多为重瓣。花形端正秀美。它的花语"克制的卓越"源自山茶没有香味这一点。

花语

含蓄之美

魅力天成［红色］

理想的爱［白色］

含蓄的爱［粉色］

山茶

Flower Data

分类：山茶科山茶属

原产地：中国、日本、朝鲜半岛南部

别名：薮春、山椿

上市时间：12月~次年5月

花季：冬季~春季

花期：3~7天

诞生花：1月1日（白色）、1月2日（红色）、1月25日（白色）、1月27日（红色）

135

开运
大器晚成

南蛇藤

南蛇藤

（果）

南蛇藤

Oriental bittersweet Asian bittersweet

南蛇藤的花朵较小，花期从晚春
持续到初夏，秋季结出累累硕果。
金黄色的果壳成熟后会裂成三瓣，
露出红色的种子。南蛇藤的花语
"开运"是从黄色的果实开裂后
露出红色的种子这一点联想到的，
而"大器晚成"来自于从开花到
果实成熟需要漫长的时间。黄色
的果实，红色的种子，搭配开裂
的果壳尤其美丽，非常适合作为
圣诞节与新年装饰植物。

Flower Data

分类：卫矛科南蛇藤属
原产地：库页岛、中国
别名：金银柳、金红树
上市时间：10~12月（果实）
结果期：秋季
观赏时长：1个星期
诞生花：11月10日、12月14日

Flower Data

分类： 石蒜科紫娇花属
原产地： 南非
别名： 野蒜、非洲小百合、洋韭
上市时间： 12月~次年5月
花季： 春季
花期： 5~7天
诞生花： 1月13日、1月30日、
　　　　　 11月28日

紫娇花

Society garlic Sweet garlic

紫娇花可爱的花朵呈星形，散发
着甘甜高雅的香味，向四面八方
开放，无死角地散发"沉着的魅
力"。折断它的花枝可以闻到微
弱的蒜味，因此，紫娇花有"野蒜"
的别名。紫娇花花香芬芳，但却
又有蒜臭味，这种反差带来了另
一个花语"小小的背叛"。

花语
沉着的魅力
余香

紫娇花

137

翠雀

Delphinium Larkspur

翠雀的花朵呈深深浅浅的蓝色，清爽秀美，因此拥有"清朗""高贵"的花语。在欧美地区，翠雀的花期恰逢"六月新娘"。相传新娘出嫁时佩戴蓝色的饰物就能获得幸福，因此翠雀成为了婚礼花束的首选。翠雀的花形就像一只只飞翔的燕子，因此别名为"大飞燕草"。

Flower Data

分类：毛茛科翠雀属

原产地：欧洲、北美洲、非洲热带的山地地区、亚洲

别名：大花飞燕草

上市时间：全年

花季：初夏

花期：3~7天

诞生花：4月14日（颠茄翠雀系列 <D. belladonna>）、5月20日、11月14日（太平洋巨人系列<Pacific Giants>）

花语

清朗、高贵

翠雀

139

天生一对

蝴
蝶
石
斛

Flower Data

分类： 兰科石斛属
原产地： 东南亚、大洋洲
别名： 秋石斛、胡姬花
上市时间： 全年
花季： 夏季
花期： 7~10天
诞生花： 1月20日、4月27日、
11月13日、12月12日

蝴蝶石斛

Dendrobium

蝴蝶石斛的学名为"Dendrobium phalaenopsis"，"phalaenopsis"是与其花形类似的蝴蝶兰的属名，"Dendrobium（石斛属）"源自希腊语，原意为"树木"以及"生命、生活"，因为石斛属植物一般附着树木生长。花语"天生一对"指的是它们之间的共生关系。蝴蝶石斛并非寄生在树木上，而是附生在树木上，和其一同生长。

吊钟花

Enkianthus

吊钟花在春季的新绿和秋季的红叶都值得一观，是庭园常见花木，另外它也被用作插花的衬叶。在气候温暖地区，岩石较多的山上长有野生的吊钟花，相对于栽培品种，它们的叶片更大，枝条更稀疏。吊钟花春季开花，花朵白色，呈壶状，纤小可爱。吊钟花的属名源自希腊语"孕妇之花"，取自其膨大的花形。

花语 高雅

吊钟花

（叶）

Flower Data

分类：杜鹃花科吊钟花属
原产地：中国、日本、越南
别名：灯笼花、吊钟海棠
上市时间：3~12月
观赏时长：1个星期
诞生花：3月28日、4月14日

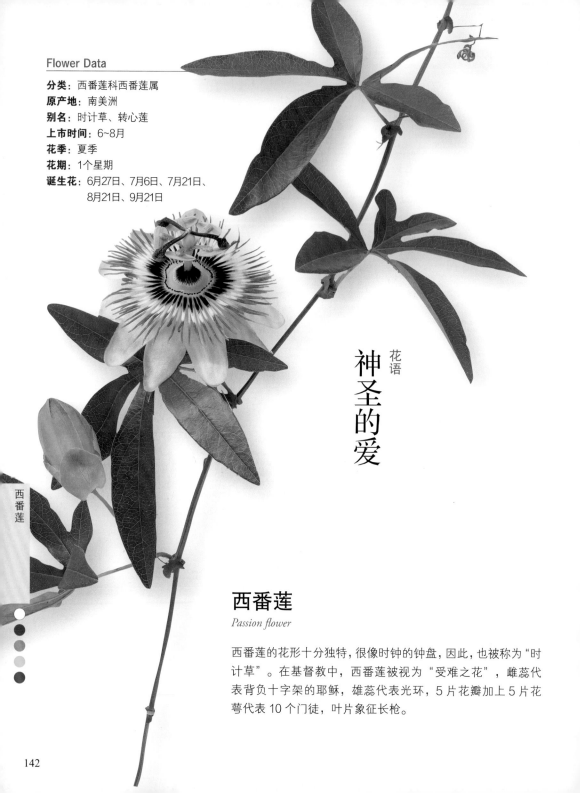

Flower Data

分类： 西番莲科西番莲属
原产地： 南美洲
别名： 时计草、转心莲
上市时间： 6~8月
花季： 夏季
花期： 1个星期
诞生花： 6月27日、7月6日、7月21日、
8月21日、9月21日

花语

神圣的爱

西番莲

西番莲

Passion flower

西番莲的花形十分独特，很像时钟的钟盘，因此，也被称为"时计草"。在基督教中，西番莲被视为"受难之花"，雌蕊代表背负十字架的耶稣，雄蕊代表光环，5片花瓣加上5片花萼代表10个门徒，叶片象征长枪。

星座守护花 II

天秤座~双鱼座的星座守护花和花语

天秤座 *Libra*
9/23 ~ 10/23

波斯菊（P85）

和谐
少女的爱 ［红色］

摩羯座 *Capricorn*
12/22 ~ 1/19

香豌豆（P104）

温暖的回忆
出发
像蝴蝶一样飞舞

天蝎座 *Scorpio*
10/24 ~ 11/22

寒丁子（P177）

交流
智慧的魅力

水瓶座 *Aquarius*
1/20 ~ 2/18

郁金香（P133）

博爱
体贴

射手座 *Sagittarius*
11/23 ~ 12/21

兰（P86、P101）

真心一片
［大花蕙兰］
幸福即将降临
［蝴蝶兰］

双鱼座 *Pisces*
2/19 ~ 3/20

小苍兰（P180）

深情厚谊
纯洁 ［红色］
天真无邪 ［黄色］

穗花婆婆纳

Speedwell

穗花婆婆纳的花序呈穗状，花穗挺拔细长，纤小的花朵聚集其上。其株形紧凑，花枝优美，花冠为高雅的淡蓝紫色。穗花婆婆纳是较为流行的线型切花材料。

Flower Data

分类：玄参科婆婆纳属
原产地：欧洲、中国、中亚地区
别名：菜肾子、将军草
上市时间：6~9月
花季：夏季
花期：5~7天
诞生花：6月20日、7月20日、
　　　　　8月13日

忠实、信赖
献上我的心

穗花婆婆纳

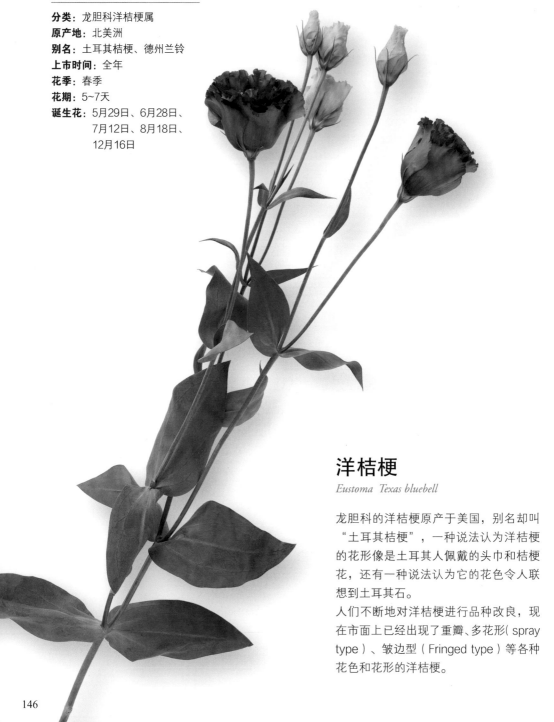

Flower Data

分类：龙胆科洋桔梗属
原产地：北美洲
别名：土耳其桔梗、德州兰铃
上市时间：全年
花季：春季
花期：5~7天
诞生花：5月29日、6月28日、
　　　　7月12日、8月18日、
　　　　12月16日

洋桔梗
Eustoma Texas bluebell

龙胆科的洋桔梗原产于美国，别名却叫
"土耳其桔梗"，一种说法认为洋桔梗
的花形像是土耳其人佩戴的头巾和桔梗
花，还有一种说法认为它的花色令人联
想到土耳其石。

人们不断地对洋桔梗进行品种改良，现
在市面上已经出现了重瓣、多花形（spray
type）、皱边型（Fringed type）等各种
花色和花形的洋桔梗。

花语

娟秀

肺腑之言 [白色]

希望 [深紫色]

优美 [粉色]

石竹
Pink Dianthus

Flower Data

分类：石竹科石竹属
原产地：欧洲、北美、亚洲、南非
别名：瞿麦草、石竹子花
上市时间：全年
花季：春季
花期：5~7日
诞生花：7月14日、7月22日、
　　　　　7月28日

石竹株型低矮，茎秆似竹，叶丛青翠。花朵不大但繁茂，观赏期较长。花色有白、粉、红、粉红、大红、紫、淡紫、黄、蓝等，五彩缤纷。石竹的英文名为"Pink"，据说粉红色"PINK"就来源于石竹花的颜色。石竹的花语为"天真无邪"，与它花朵娇小、惹人怜爱的印象有关。

天真无邪
惹人怜爱
贞节

花语

石竹

纯粹的爱 [粉色]
炽热纯粹的爱 [红色]
才能 [白色]

Flower Data

分类：十字花科芸薹属
原产地：欧洲、西亚
别名：芸薹
上市时间：12月~次年4月
花季：春季
花期：3~4天
诞生花：2月6日、3月7日

活泼
丰饶
花语

油菜花

Field mustard Rape blossom

春天，金灿灿的油菜花田把大地染成一片金黄，如同报春的使者，是这个季节独特的风景，引得文人写下大量的诗歌，油菜花的花语也与这种美好的印象有关。油菜花主要用来榨油或食用，是生活中不可或缺的一种花。

油菜花

南天竹

Nandina Heavenly bamboo

南天竹作为吉祥之木，被人们
种植在庭院或玄关。南天竹的
叶片和果实都是药材，其中以
有止咳作用的南天喉糖最为知
名。南天竹的花为白色，花落
后叶片逐渐变红，接下来结出
鲜红色的果实，因此它还有一
个"我的爱意与日俱增"的花语。

花语

福临门
美满家庭

南天竹

（果）

Flower Data

分类： 小檗科南天竹属
原产地： 中国、日本、东南亚
别名： 南天竺、天竹、兰竹
上市时间： 11月~次年1月
结果期： 冬季
观赏时长： 1个星期
诞生花： 1月9日、12月8日、
　　　　　12月29日

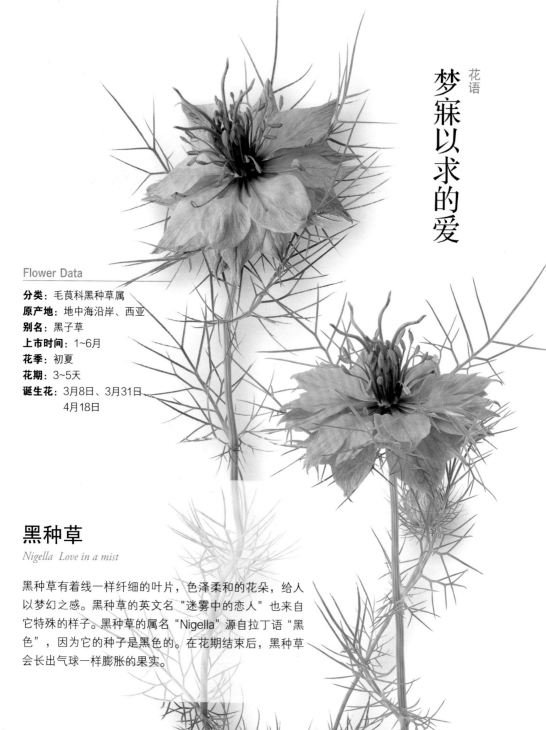

梦寐以求的爱

Flower Data

分类：毛茛科黑种草属
原产地：地中海沿岸、西亚
别名：黑子草
上市时间：1~6月
花季：初夏
花期：3~5天
诞生花：3月8日、3月31日、
　　　　　4月18日

黑
种
草

黑种草

Nigella Love in a mist

黑种草有着线一样纤细的叶片，色泽柔和的花朵，给人
以梦幻之感。黑种草的英文名"迷雾中的恋人"也来自
它特殊的样子。黑种草的属名"Nigella"源自拉丁语"黑
色"，因为它的种子是黑色的。在花期结束后，黑种草
会长出气球一样膨胀的果实。

娜丽花

Nerine Diamond lily

娜丽花的英文名"Nerine"来自
希腊神话中美丽的水妖涅蕾丝。
涅蕾丝是海神涅柔斯的女儿，她
住在海底宫殿，每天唱歌跳舞，
过着"深闺千金"的生活，见过
她美貌的男子们都会"期待着再
次相逢"，娜丽花的花语就来自
这个传说。娜丽花另一个英文名
"钻石百合"，取自于它卷曲的
花瓣上闪烁的光泽。

花语
期待重逢
深闺千金

娜丽花

Flower Data

分类：石蒜科石蒜属
原产地：南非
别名：钻石百合
上市时间：9~12月
花季：秋季~冬季
花期：5~7天
诞生花：10月13日、11月25日

热情、热心

饰球花

Button bush

饰球花在晚秋时长出小小花蕾，来年春天会膨胀至绒球状，直到晚春时节才会开花。挂满枝头的圆形花朵十分个性，做出的干花也受到人们的青睐。据说，饰球花的属名"Berzelia"取自现代化学命名体系的建立者、有机化学之父琼斯·雅可比·贝采里乌斯，他对科学研究抱有一腔"热情"和"热心"，饰球花的花语就源自于此。

Flower Data

分类： 鳞叶树科饰球花属
原产地： 南非
别名： 圣诞果
上市时间： 10月~次年5月
花季： 春季
花期： 2~3个星期
诞生花： 1月19日

完美、完整

凤梨百合
Pineapple lily

凤梨百合的花茎较粗，花朵聚拢在花茎上，顶端是像叶片一样的苞片，看起来很像菠萝。其属名"Eucomis"源自希腊语"美丽的头发"，表示它形状独特的苞片。凤梨百合作为常绿植物(万年青)，还有星形的小花。凤梨百合的花朵会一直开放到苞片，也许因此得来"完美""完整"的花语。

凤梨百合

Flower Data

分类: 百合科凤梨百合属
原产地: 中非、南非
别名: 菠萝百合
上市时间: 6~9月
花季: 夏季
花期: 5~7天左右
诞生花: 8月4日

分类： 百合科贝母属
原产地： 中国
别名： 川贝、苦花、空草
上市时间： 12月~次年5月
花季： 春季
花期： 1个星期
诞生花： 2月24日、3月21日、
　　　　　 3月29日、4月25日

花语
谦虚的心

贝
母

贝母

Fritillary

贝母的球根形似双壳贝，原产中国，
得名"贝母"。自古以来贝母就作
为具有清热止咳功效的药草而为人
们所熟知。贝母的花瓣内侧有网格
状花纹，微微垂首绽放，因此被赋
予了"谦虚的心"的花语。

银边翠

Snow on the mountain

银边翠又名"高山积雪"，很容易让人以为这是一种冬季开花的植物，它其实是根据叶片的形状命名的。到了夏季花期时，叶片会从上到下边缘变为白色，就像积雪一样，由此而得名。银边翠的花也是白色，非常细小，不太引人注目。

银边翠的一枚雌花被多枚雄花包围，看起来就像是天然的花束，因此被赋予了"祝福"的花语。

花语
祝福
安稳的生活

银边翠

Flower Data

分类：大戟科大戟属
原产地：北美洲
别名：高山积雪、象牙白
上市时间：5~10月
花季：夏季
花期：5天左右
诞生花：8月31日

四照花

Flowering dogwood

四照花是非常受欢迎的庭园花木和行道树。四照花因花序外有 2 对黄白色花瓣状大型苞片,光彩四照而得名。四照花树形美观圆整呈伞状,叶片光亮,入秋变红。秋季红果满树,硕果累累。春赏亮叶,夏观玉花,秋看红果红叶,四照花树是一种极其美丽的庭园观花、观叶、观果植物。

花语

请接受我的心意

永久

Flower Data

分类:山茱萸科四照花属
原产地:北美洲、东亚
别名:大花山茱萸
上市时间:4~5月
花季:春季
花期:5~7天
诞生花:3月18日、5月9日

分类：兰科兜兰属

原产地：东南亚、中国、印度

别名：拖鞋兰、绉枸兰

上市时间：全年

花季：冬季~初夏

花期：10~14天

诞生花：11月8日、12月28日

花语

深谋远虑
优雅的装扮

兜兰

兜兰

Paphiopedilum Lady's slipper

兜兰是一种花形独特的兰科植物，花瓣的一部分特化为袋囊状。袋囊状的花瓣（唇瓣）看起来很像食虫植物，但它们并不会捕捉昆虫，只不过会让进入其中的虫子身上沾满花粉，利用昆虫帮助其完成授粉。因其独特的花形，兜兰源自希腊语"女神的拖鞋"，在英语中它也被称为"Lady's slipper"。

Flower Data

分类：蔷薇科蔷薇属
原产地：北半球的温带地区
别名：现代月季
上市时间：5~10月
花季：不同品种从初夏到初冬，
　　　　花期各不同
花期：5~7天
诞生花：1月12日（黄色）、
　　　　2月25日（麝香玫瑰）、
　　　　7月4日、9月26日、
　　　　12月11日（白色）

玫瑰

Rose

在希腊神话中，相传爱与美之神阿佛洛狄忒出生时，玫瑰也一同从泡沫中诞生。还有一种说法认为奥林匹斯的诸神为了祝贺阿佛洛狄忒的诞生而创造了玫瑰。

据说，人类栽培玫瑰的历史可以追溯到公元前 2000 年。玫瑰的品种繁多，它作为爱与美的象征，拥有"花中女王"的美誉，在全世界都备受喜爱。玫瑰被赋予了很多花语，并且成为最适合送给爱人的花卉。

花语

爱与美

热情 [红色]

纯洁、深深的尊敬 [白色]

高雅、感铭 [粉色]

嫉妒、友情 [黄色]

牵绊 [橙色]

平稳 [绿色]

玫瑰

勇敢地爱、享受孤独
武装心灵

斑克木

斑克木

Banksia

斑克木的筒状花序看起来很像刷子，密集的小花雌蕊突出。斑克木是桉树林中常见的树木，其中一些果实经历过山火但并没有被烧掉，它们裂开后种子散落开来发了芽，就会表现出与众不同的特征。斑克木的英文名"Banksia"是以英国植物学家约瑟夫·班克斯的名字命名的。

Flower Data

分类：山龙眼科斑克木属
原产地：澳大利亚
别名：佛塔树
上市时间：全年
花季：夏季（南半球的冬季）
花期：2个星期
诞生花：11月20日

三色堇

Pansy

三色堇让人联想到垂首的人脸，因此它的英文名取自含有"沉思"之意的法语词汇"pensée"。三色堇的花语与神父圣瓦伦丁有关，他是情人节的来源。瓦伦丁被关入监狱后，发现窗边开着心形的花朵，于是瓦伦丁在它的叶片上写下了"请不要忘记我"并把它交给了鸽子，这就是关于三色堇的传说。

花语

沉思、请想着我

朴实无华的幸福［黄色］

温顺［白色］

深思远虑［紫色］

三色堇

Flower Data

分类：堇菜科堇菜属
原产地：欧洲、西亚
别名：猫儿脸、蝴蝶花、鬼脸花
上市时间：11月~次年5月
花季：秋季~春季
花期：3~7天
诞生花：1月16日（紫色）、2月7日（杏黄色）、2月21日、5月25日

万代兰
Vanda

万代兰的英文名 "Vanda" 来自
印度乌尔都语 "vandaka"，意
思是 "附生于树上"。在万代兰
的原产地，它以粗壮的根攀附在
大树上生长，由此而得名。万代
兰的叶片较大，带有网格状纹路，
花姿高雅，因此花语是 "优雅" "高
雅之美"。大花万代兰的花色深
紫色略带蓝色，个性鲜明，在兰
科植物中十分稀有。

个性鲜明 高雅之美 优雅 _{花语}

Flower Data

分类：兰科万代兰属
原产地：亚洲热带地区、
　　　　澳大利亚
别名：桑德万代
上市时间：全年
花季：全年
花期：10~15天
诞生花：2月4日、8月26日

万代兰

刺桂

False holly Holly osmanthus

刺桂初冬时节开花，花似桂花，具有类似金桂的香气。又因其叶片有刺，而得名刺桂。刺桂的叶片为厚革质，不易燃烧，常植为防火篱，也是一种优良的防火材料。刺桂的花语"保护"就源自于此。刺桂带刺，不可随意碰触，因此它又有"小心谨慎"的花语。

花语　小心谨慎　保护

刺桂

Flower Data

分类：木樨科木樨属
原产地：中国、日本、东亚其他地区
别名：柊树
上市时间：全年
花季：秋季~冬季
花期：1个星期左右
诞生花：12月25日

射干

Blackberry lily　Leopard flower

射干像剑一样伸展开来的叶片好像扇子，由此而得名"乌扇"。射干给人以雅致之感。虽然射干的花期仅为一天，不过它会连续不断地开放，直至晚秋时节袋状的果壳裂开，露出里面黑油油的种子。种子成熟后不会马上掉落，因此这个阶段它也可以作为具有"个性鲜明"的花语使用。

花语

诚实、个性鲜明

Flower Data

分类： 鸢尾科射干属
原产地： 日本、朝鲜半岛、中国、印度
别名： 乌扇、草姜
上市时间： 6~9月
花季： 夏季
花期： 仅1天（朝开夕落）
诞生花： 7月16日、8月25日

海桐

Pittosporum

海桐的叶片分为两种，一种为单一的绿色，还有一种边缘（或斑点）为白色或奶油色，是非常受欢迎的插花或花束花材。

海桐的属名源自希腊语"有粘性的种子"，因为它的黑色种子上面覆盖着黏液。小鸟啄食后种子会附着在它们的喙部或羽毛上，被带到遥远的地方，可能因此产生了"飞跃"的花语。

花语

飞跃

海桐

（叶）

Flower Data

分类：海桐科海桐花属
原产地：新西兰
别名：宝珠香、山瑞香
上市时间：全年
观赏时长：10天左右
诞生花：2月14日、11月21日

地中海荚蒾

Laurustinus Viburnum

地中海荚蒾春天开花，花朵为白色，不过人们更多是观赏它秋季成熟的果实。地中海荚蒾的果实为深蓝紫色，而园艺中的"紧凑"地中海荚蒾的果实为红色，都是值得一观的品种。地中海荚蒾与同为荚蒾属的"欧洲荚蒾（参考P119）"名称相近，另外，地中海荚蒾作为常绿树还有一个"常青荚蒾"的别名，因此非常容易混淆。地中海荚蒾的花语"看着我"可能就是这么来的。

花语
恢谐幽默
看着我

地中海荚蒾

（果）

Flower Data

分类：忍冬科荚蒾属
原产地：地中海沿岸、东亚
别名：蒂氏荚蒾
上市时间：全年
结果期：秋季~冬季
观赏时长：1个星期
诞生花：1月23日、7月27日

金丝桃

Tutsan

金丝桃的花朵呈黄色，长长的雄蕊"灿烂"若金丝，花期从初夏开始持续整个夏季。花落后会迅速结出红色、橙色、粉红色的圆形果实，因此得到了"悲伤即将过去"的花语，市面上用作花材大多为金丝桃果实。

花语

灿烂

悲伤即将过去

金丝桃

（果）

Flower Data

分类：藤黄科金丝桃属
原产地：西欧~南欧
别名：土连翘、金线蝴蝶
上市时间：全年
结果期：秋季
观赏时长：3~5天
诞生花：8月27日

169

我的眼里只有你

憧憬

虚假的爱 [大花品种]

高贵 [小花品种]

Flower Data

分类：菊科向日葵属
原产地：北美洲
别名：转日莲、向阳花
上市时间：4~8月
花季：夏季
花期：5天左右
诞生花：8月5日、8月7日、
　　　　　8月15日

向日葵

Sunflower

向日葵于大航海时代引入欧洲，被欧洲人誉为"印第安的太阳"
而备受青睐。在信奉太阳神的秘鲁，人们将向日葵尊为神圣的
花卉，据说当地女巫所佩戴的黄金冠冕就模仿了向日葵的形状。
向日葵作为具有趋光性的花卉而广为人知，它们会追随太阳而
改变朝向，花语也与此有关。不过实际上，向日葵在没有全开
的时期才有这种特性，在开放后几乎都面向东方，不再移动。

向
日
葵

171

Flower Data

分类：菊科百日菊属
原产地：以墨西哥为中心的南北
　　　　美洲
别名：百日草、步步高、秋罗
上市时间：4~11月
花季：春季~秋季
花期：5~10天
诞生花：10月3日、12月22日

花
语
思念远方的朋友
不变的思念

百日菊
Zinnia Youth-and-old-age

百日菊的花期从初夏延续到晚秋，
被誉为"花开百日红"，它的花
语也与此有关。花朵枯萎后，新
的花朵会继续开放，因此它在英
语中也被称为"有老有少"。百
日菊常用做庭院花草，是人们熟
悉的日常花卉。百日菊在日本又
叫"百日草"。市面有各种颜色
的百日菊花材。

百日菊

风信子

Hyacinth

风信子的英文名源自希腊神话中的太阳神阿波罗和西风风神泽费奴斯都很喜欢的美少年雅辛托斯。相传，有一次雅辛托斯正在与阿波罗玩掷铁饼游戏，嫉妒的泽费奴斯吹起了旋风，铁饼打在了雅辛托斯的额头上造成他一命呜呼，那时从雅辛托斯额头流出的鲜血中开出紫色的风信子，这也是风信子花语的来源。

Flower Data

分类：风信子科风信子属
原产地：地中海东部沿岸地区
别名：洋水仙、时样锦
上市时间：11月~次年5月
花季：春季
花期：4~7天
诞生花：1月4日（白色）、
　　　　　1月16日（黄色）、
　　　　　4月11日

花语

运动、战斗、竞技
超越悲伤的爱［紫色］
不变的爱［蓝色］
嫉妒［红色］
含蓄可爱［白色］
温柔娴静［粉色］

风信子

173

马到成功
美艳之人

Flower Data

分类：山龙眼科针垫花属
原产地：南非
别名：风轮花、针包花、针垫山
　　　　龙眼
上市时间：7~12月
花季：夏季
花期：3~4个星期
诞生花：1月21日、8月15日、
　　　　10月29日

针垫花

针垫花

Pincushion

针垫花拥有细而坚硬的橙色雄蕊，就像针垫上插着
很多针一样，因此针垫花在英语中名为"Pincushion
（针插）"。

针垫花的雄蕊一开始聚拢成球形包裹着中间的花朵，
而后从外向内渐次开放，开花时间较长，可供慢慢
欣赏。针垫花的花语与它较长的花期、鲜艳的花色
以及独特的花形有关。

满怀梦想（果实）
隐藏的能力（花）

钉头果

Swan plant

Flower Data

分类：萝藦科钉头果属
原产地：南非
别名：气球果、河豚果
上市时间：8~11月
结果期：秋季
观赏时长：5~7天左右
诞生花：10月29日、11月2日

钉头果

钉头果在夏季开出奶油色的小花，不过人们更偏爱它们气球形状的果实，将其作为切花观赏。果实中满满地长着很多带绒毛的种子，这就是它的花语"满怀梦想"的来源。果实成熟后绒毛就会随风飘散，因此它在英语中被命名为"Swan plant"，意为"悠然自得的植物"。

（果）

175

乳茄

Nipple fruit

乳茄的果实为柠檬黄色，十分鲜艳，上面带有几个突起，造型独特，很像狐狸脸。乳茄的观赏时间较长，在以黄色为吉祥色的中国，它被当作春节期间的装饰品，最近它还成为了广受欢迎的万圣节道具。乳茄是茄属，虽有"五指茄"的别名，但乳茄含有毒素，不可食用。

花语

我不会欺骗你

（果）

Flower Data

分类：茄科茄属
原产地：美洲热带地区
别名：黄金果、五指茄
上市时间：7~11月
结果期：秋季
观赏时长：1个月以上
诞生花：10月10日

寒丁子

Bouvardia

寒丁子的属名是以路易十三的私人医生兼巴黎植物园园长查尔斯·布瓦尔的名字命名。寒丁子属共有 30 多个品种，都是以几个原始种培育而成的，因此它的花语是"交流"。寒丁子花蕾饱满，开花后花冠四裂，花朵呈筒状丁字形。

交流
智慧的魅力

寒丁子

Flower Data

分类：茜草科寒丁子属
原产地：美洲热带地区、墨西哥
别名：蟹眼、波互尔第
上市时间：全年
花季：春季、秋季
花期：5~7天
诞生花：10月10日、12月26日

177

分类：伞形科柴胡属
原产地：欧洲、中亚
别名：叶上黄金、野兔耳朵
上市时间：全年
花季：夏季
花期：1个星期
诞生花：4月12日

圆叶柴胡

花语

初吻
精致之美

圆叶柴胡

Hare's ear　Thorough wax

虽然圆叶柴胡的黄色小花并不引人注目，也和华丽沾不上边，但是包裹着纤细花茎的圆形叶片，和看起来像星形花朵的苞片搭配在一起，显得美丽又魅力十足。圆叶柴胡整体呈明亮的绿色，适合搭配任何花卉，作为配花为插花增添光彩。

花语"初吻"想要表现的就是尚未染上或红或粉的有关"青春"的回忆吧。

高洁、诚实、一直爱你

法兰绒花
Flannel flower

法兰绒花的茎叶和花朵上被覆绒毛，具有独特的质感，就像柔软的法兰绒面料，花名也源自于此。尖尖的花瓣末端微带绿色，令人印象深刻。法兰绒花的花语"高洁""诚实"来自它给人们留下的清纯印象。法兰绒开花后长期不败，因此得到"一直爱你"的花语，法兰绒作为婚礼用花非常受欢迎。

Flower Data

分类：伞形科轮射芹属
原产地：澳大利亚
别名：法绒花
上市时间：9月~次年1月
花季：春季、秋季
花期：1个星期
诞生花：5月13日、8月19日

小苍兰

Freesia

小苍兰最突出的特征是它鲜艳明丽的花色，以及浓烈的、足以用来制作香水的香气。不同颜色的小苍兰香气也有所不同，白色小苍兰的香气最为浓郁，气味与金桂类似，黄色小苍兰是酸酸甜甜的，而红色和紫色的花香较温和。19世纪在南非发现小苍兰的植物学家艾克隆为了纪念他的医生朋友佛利兹，于是用他的名字为小苍兰命名。

花语

深情厚谊

纯真烂漫［白色］
憧憬［紫色］
纯洁［红色］
天真无邪［黄色］

小苍兰

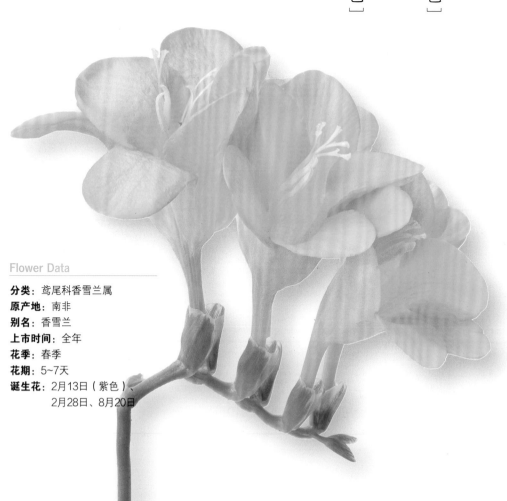

Flower Data

分类：鸢尾科香雪兰属
原产地：南非
别名：香雪兰
上市时间：全年
花季：春季
花期：5~7天
诞生花：2月13日（紫色）、
　　　　　2月28日、8月20日

Flower Data

分类：夹竹桃科蓝星花属
原产地：中美洲、南美洲
别名：天蓝尖瓣木
上市时间：全年
花季：春季~秋季
花期：5~7天
诞生花：5月25日、9月7日

花语

相互信任的心、幸福的爱

蓝
星
花

蓝星花
Tweedia

蓝星花的花蕾带些许红色，开花后就会变为有透明感的
淡蓝色，随后蓝色逐渐变深，凋谢时会变成紫色，这是
蓝星花的特征之一。蓝星花常被用作婚礼中的幸运花，
以及祝贺男孩降生时赠送的幸运花。切开蓝星花的花茎
会流出的白色液体，可能会造成皮肤红肿，请务必注意。

Flower Data

分类：五加科饰带花属
原产地：澳大利亚
别名：蓝蕾丝花
上市时间：全年
花季：春季
花期：5天左右
诞生花：3月10日、4月14日

花语

优雅的举止

蓝饰带花

蓝饰带花
Blue lace flower

蓝饰带花淡蓝色的小花聚拢成团盛开的样子，就像是精心编织的蕾丝，由此得名。微微弯曲的细花茎上长着细小的叶片，整体给人优雅纤细的感觉。因此蓝饰带花的花语是"优雅的举止"。

蓝饰带花的英文名为"Blue lace flower"（花色也有白色），与另一种原产于欧洲的"大阿米芹（参考P240）"十分类似，不过它们属于不同的科属。

不变、小小的勇气

绒毛饰球花

绒毛饰球花

Brunia

绒毛饰球花像杉树一样细小的叶片
以及像果实一样的小花都集中在花
茎末端。其中，花色为银色系的绒
毛饰球花大多在冬季上市，常被用
于圣诞插花和制作花环。绒毛饰球
花十分耐干旱，甚至可以直接做成
干花而花形不变，因此花语是"不
变"。和与它外形类似的饰球花（参
考 P154）相比，绒毛饰球花的尺
寸更短，花朵更大。

Flower Data

分类：鳞叶树科饰球花属
原产地：南非
别名：白球花、白色圣诞果
上市时间：全年
花季：全年
花期：2~3个星期
诞生花：1月19日

凤尾百合

Cat's tail

凤尾百合上着生无数 1 厘米左右的星形花朵，穗状花序自下而上绽放的样子看起来很像猫尾巴，由此英文得名 "Cat's tail"。其属名是希腊语 "鳞茎" 的意思。凤尾百合是球根花卉，鳞茎（像洋葱一样呈球形，由贮藏养分的厚厚鳞叶构成），夏季时地上部分会干枯进入休眠状态，因此花语是 "休息"。

Flower Data

分类：日光兰科凤尾百合属
原产地：南非、新西兰
别名：黄花棒
上市时间：1~4月
花季：春季
花期：5~7天
诞生花：4月16日

184

休息

花语

凤尾百合

Flower Data

分类：山龙眼科海神花属
原产地：中非、南非
别名：菩提花
上市时间：去年
花季：春季
花期：1~2个星期
诞生花：10月24日、11月5日

王者风范
自由自在

海神花

Protea

海神花属植物品种较多，同一属内花的形
状也千差万别，其属名是以希腊神话中"自
由自在"变换外形的海神波塞冬的名字命
名的。因其独具风格的花姿，在 19 世纪受
到欧洲贵族们的追捧，培植了大量的品种。
其中，大型品种帝王花的花球直径最大可
达 30 厘米，极具观赏性，正如其花语所示
"王者风范"可见一斑。

分类：漆树科肖乳香属
原产地：秘鲁
别名：秘鲁胡椒树
上市时间：全年（果实、干花）
结果期：夏季~秋季
花期：—
诞生花：11月27日

加州胡椒

Pepper tree

加州胡椒的果实呈圆形、粉色，十分漂亮，是非常受欢迎的插花和花环的花材。最近市面上还出现了很多被染成各种颜色的加州胡椒干花。

加州胡椒又名"粉红胡椒（Pink Pepper）"，几乎没有辣味和香味，作为调味品，多利用其鲜靓的色彩为菜肴做装饰。不过加州胡椒是漆树科常绿乔木，与胡椒并无关系。

加州胡椒

（果）

花语
闪亮的心
狂热

花语

装扮
包容力

红花

Safflower

自古以来，人们不仅从红花中提
取红色素用于制作口红或染料（红
花的花名也源自于此）。红花还
用作中药，有通经、活血的作用。
红花籽能榨取优质的食用油，可
以说红花不只是观赏植物，还与
我们的日常生活密切相关。红花
有抗寒、耐旱和耐盐碱能力，适
应性较强，因此红花的花语是"包
容力"。

红
花

Flower Data

分类：菊科红花属
原产地：地中海沿岸、中亚
别名：红蓝花、刺红花
上市时间：6~8月
花季：夏季
花期：5~7天
诞生花：6月13日、6月27日

189

麦秆菊

Strawflower

麦秆菊闪耀着黄金般的光辉，学名来自在希腊语中中
"黄金的太阳"。麦秆菊的花期较长，脱水后花色、
花形和光泽都保持不变，得到了"永恒的记忆"的花语。
麦秆菊的名字据说是因为花瓣的水分含量少，看起来
像晒干的麦秆一样。麦秆菊还有一个别具一格的别名
"贝细工（意为帝王贝工艺品）"，得名于它独特的"贝
壳工艺品"般的坚硬的质感。

永恒的记忆
黄金的光辉

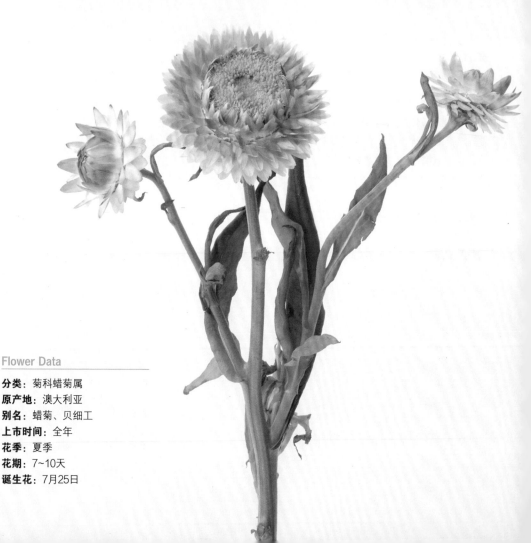

Flower Data

分类：菊科蜡菊属
原产地：澳大利亚
别名：蜡菊、贝细工
上市时间：全年
花季：夏季
花期：7~10天
诞生花：7月25日

注视
与众不同的人

蝎尾蕉

Heliconia Lobster claw

蝎尾蕉的花色鲜艳，一派南国风
情，包裹花朵的苞片部分看起来
很像鸟嘴，因此又名"富贵鸟"。
英语中，人们将其比作"龙虾爪"。
蝎尾蕉的属名"Heliconia"来自
希腊神话中文艺女神缪斯等人居
住的赫利孔山，为蝎尾蕉增添了
几分艺术气息。

蝎尾蕉

Flower Data

分类：芭蕉科蝎尾蕉属
原产地：美洲热带地区、南太平
洋群岛
别名：银肋赫蕉、富贵鸟
上市时间：全年
花季：夏季
花期：7~10天
诞生花：10月31日、12月2日

堆心菊

Sneeze weed

堆心菊的属名"Helenium"源自于古希腊美丽的王后海伦，相传她在哀叹因自己而发生的特洛伊战争时流下的"泪水"化作了堆心菊。

堆心菊花朵中间的凸起看起来像团子（日本的糯米团）一样，因此在日语中它又名"团子菊"。堆心菊开放后花色会慢慢地发生变化，加之花朵不易脱落、花期持久，看起来就像一株堆心菊开出了各色花朵一样。

华丽
泪水
<small>花语</small>

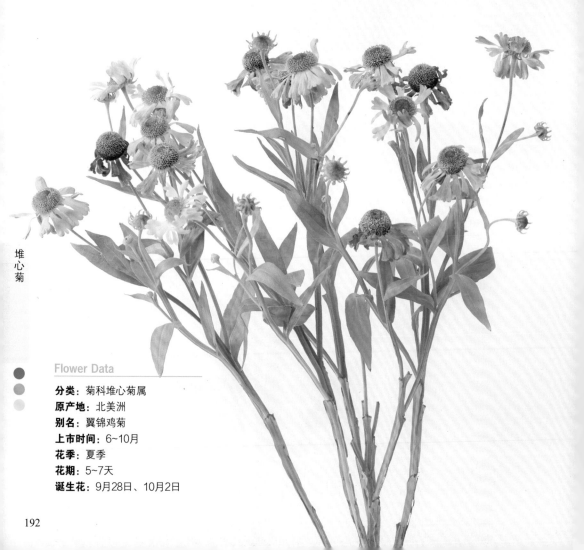

堆心菊

Flower Data

分类：菊科堆心菊属
原产地：北美洲
别名：翼锦鸡菊
上市时间：6~10月
花季：夏季
花期：5~7天
诞生花：9月28日、10月2日

送花礼仪

送花时要先了解花语，以及赠送对象的喜好再进行选择。另外，还要注意不同场景下的花卉禁忌。接下来介绍一下送花的基本礼仪。

祝贺

为了让赠送对象心情愉悦，请选择颜色鲜艳或符合赠送对象气质的花卉。花期较长的盆栽花卉适合作为开业或乔迁礼物。

禁忌花卉
白菊（让人联想到葬礼）
根据赠送对象的喜好避免赠送香气浓郁或花粉散落的花卉

葬礼、法事

在七七四十九天内，为死者敬献的鲜花（供品鲜花）需选择白色，四十九天后可选择浅色的花卉。

禁忌花卉
颜色鲜艳的花
玫瑰（带刺）

慰问

选择可以抚慰心灵的暖色系花卉。如果赠送插花，最好不要附带花瓶，以免增加对方的负担。请勿赠送盆栽以免让病人误会为久病成根。

禁忌花卉
香气浓郁、色彩强烈以及花粉较多的花卉
红色花卉（让人联想到血）
山茶（凋谢时整个花头都会落下）
仙客来（花色艳丽，代表喜庆）
白菊（让人联想到葬礼）
绣球（花色逐渐暗淡）
玫瑰（带刺）

虾衣花

Shrimp plant

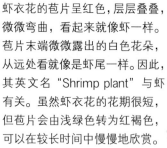

虾衣花的苞片呈红色，层层叠叠，微微弯曲，看起来就像虾一样。苞片末端微微露出的白色花朵，从远处看就像是虾尾一样。因此，其英文名"Shrimp plant"与虾有关。虽然虾衣花的花期很短，但苞片会由浅绿色转为红褐色，可以在较长时间中慢慢地欣赏。

花语
足智多谋
惹人怜爱

Flower Data

分类：爵床科麒麟吐珠属
原产地：墨西哥
别名：狐尾木、麒麟吐珠
上市时间：全年
花季：春季~夏季
花期：5天左右
诞生花：7月30日、11月18日

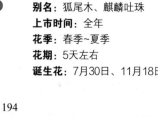

分类：景天科八宝属
原产地：中国东北部、朝鲜半岛
别名：长药八宝、八宝、华丽景天
上市时间：全年
花季：秋季
花期：1~2个星期
诞生花：9月13日、10月26日

八宝景天

Ice plant

八宝景天的生命力顽强、易存活。八宝景天属多年生肉质草本植物，地下茎肥厚，地上茎簇生，粗壮而直立。它像多肉植物一样耐干旱，可以从濒临干枯的状态恢复生机。

八宝景天

花语

相信并追随

机敏

吉祥

Flower Data

分类：大戟科大戟属
原产地：墨西哥
别名：猩猩木、圣诞花
上市时间：11月~次年3月
花季：冬季
花期：7~10天
诞生花：12月22日、12月25日

一品红

Poinsettia Christmas flower

一品红是年末的一道亮丽风景线，它与圣诞节产生关联始于17世纪的墨西哥，当时的人们用一品红来装饰圣诞，并流传下来。此外，一品红呈红色的是它的部分叶片。最近，夏季时节部分叶片变红的品种（猩猩草、见左页图）也受到了广泛的关注，被人们称为"夏季一品红"。

祝福 平安夜 祈祷幸运

花语

一品红

Flower Data

分类：蔷薇科木瓜属
原产地：中国
别名：贴梗木瓜、铁脚梨
上市时间：11月~次年2月（冬季
　　　　　开花）3~4月（春季
　　　　　开花）
花季：冬季、春季
花期：7~10天
诞生花：2月1日、3月25日

花语
早熟、先驱

贴梗海棠

Japanese quince

贴梗海棠被广泛用作庭院花木
和树篱，是人们熟知的春季的
代表花卉。贴梗海棠的果实像
瓜，所以也被称为"木瓜"。
贴梗海棠是迎春早开的花，而
且先开花后长叶，它的花语"早
熟""先驱"即来自此意。贴
梗海棠的果实具有甘甜的芳香，
被称为"皱皮木瓜"，是有缓
解水肿和祛痰功效的药材。

贴梗海棠

198

风度、高贵、认生

牡丹

Tree peony

牡丹的花瓣大而薄，层层叠叠，尽显华贵高雅之态。在原产地中国，牡丹拥有花王和花神的美誉，自古被众多帝王后妃所喜爱。其花语"风度"和"高贵"也源于它艳压群芳的美丽。同为芍药属，芍药与牡丹的花朵十分相似，不过芍药花花茎较长，而牡丹看起来像坐在叶片上，因此，才有了"立如芍药，坐如牡丹"的比喻。

Flower Data

分类：芍药科芍药属
原产地：中国
别名：洛阳花、富贵花
上市时间：1~4月
花季：春季
花期：4~5天
诞生花：5月10日、5月17日

Flower Data

分类：百合科油点草属
原产地：中国、日本、朝鲜半岛
别名：油迹草、紫海葱
上市时间：8~10月
花季：夏季~秋季
花期：5~7天
诞生花：9月27日、10月9日、
11月29日

花语
持续　永远属于你

油点草

油点草

Toad lily

油点草的花瓣带有紫色斑点，与杜鹃鸟胸前的斑点类似，因此日本又称其为"杜鹃草"。油点草的花期较长，从夏季到秋季花开不断，因为它如此"长情"，花语是"永远属于你"。东南亚地区一共分布着19种油点草属植物。不过，因为环境破坏等影响，部分品种正濒临灭绝。

虞美人

Corn poppy

虞美人虽然属于罂粟科，但它是一种常见的观赏植物，世界各地都有栽培。市面上用作切花的虞美人有冰岛虞美人和东方虞美人（图片所示）。东方虞美人的花形较大，基部通常有深紫色斑点。在希腊神话中，丰收女神的女儿被冥王劫走，她通过嗅闻虞美人的香气来缓解自己的悲伤。虞美人在中国古代则寓意着生离死别和悲歌。传说中，虞美人是虞姬拔剑自刎后，鲜血落地化为的花朵。所以，虞美人弯曲柔弱的枝干才能开出如此浓艳华丽的花朵。

花语

安慰、顺从

虞美人

Flower Data

分类：罂粟科罂粟属
原产地：欧洲、亚洲
别名：丽春花、赛牡丹
上市时间：12月~次年5月
花季：春季
花期：4~5天
诞生花：2月23日、4月25日、
　　　　　5月30日、7月3日

波罗尼花

Boronia

波罗尼花小小的花朵缀满细细的枝条，绚丽夺目。它的花蕾呈圆形，花朵则呈星形或钟形，形状可爱。波罗尼花具有芸香科特有的清爽香气而备受人们喜爱，它的花语"印象深刻"和"芳香"均与香气有关。

据说，波罗尼花的属名源自于18世纪意大利植物学家弗朗西斯科·博洛尼，波罗尼花的英文名就是"Boronia"，花名直接音译自英文名。

Flower Data

分类：芸香料波罗尼属
原产地：澳大利亚
别名：一
上市时间：3~5月
花季：春季
花期：3~5天
诞生花：5月13日、12月17日

Flower Data

分类：菊科木茼蒿属
原产地：加那利群岛
别名：木春菊、茼蒿菊
上市时间：10月~次年5月
花季：春季
花期：1个星期
诞生花：2月1日、2月20日、
　　　　9月3日、11月22日

花语

恋爱占卜
深藏心底的爱
信赖 [白色]
真实的爱 [粉色]
美丽的容颜 [黄色、橙色]

木茼蒿

Marguerite Paris daisy

木茼蒿的英文名源自希腊语"珍珠"，取自其洁白美丽的花姿。木茼蒿花瓣数量不一，古代欧洲会根据花瓣的数量占卜爱情，木茼蒿也作为"爱情占卜"的花卉而被人们所熟知。据说在希腊神话中，木茼蒿是供奉孕育和丰产的守护神月亮女神阿尔忒弥斯的花卉，因此它被视为"诚实""贞洁""慈悲""安乐"的象征。

木茼蒿

分类：菊科菊属
原产地：欧洲、西亚
别名：纽扣菊、解热菊、玲珑菊
上市时间：全年
花季：春季~夏季
花期：3~7天
诞生花：5月27日、6月1日、
　　　　　6月22日

小白菊

Feverfew

小白菊在风中摇曳的样子十分惹人怜爱。它的花茎很细、分枝较多，花朵几乎可以将细细的花茎压弯。小白菊的花语"喜相逢"可能就源自于它的花姿。古希腊时代起，小白菊就被用作草药，其属名"Tanacetum"在拉丁语中是"不死"的意思，英文名"Feverfew"则源自于它曾被用作"退烧剂"。

小白菊

喜相逢

宽容

205

惹人怜爱的爱情、勇士、健康

万寿菊

万寿菊

Marigold

万寿菊是大航海时代由哥伦布传到欧洲的花卉之一。它的英文名"Marigold"意为"圣母玛利亚的黄金之花",据说是因为万寿菊开放时恰逢一年数次的圣母玛利亚纪念日。万寿菊分为植株较高、花朵很大的非洲万寿菊,以及植株较矮,花朵较小的法国万寿菊两种。

Flower Data

分类:菊科万寿菊属
原产地:墨西哥、中美洲
别名:非洲万寿菊…万寿灯
　　　　法国万寿菊…红黄草
上市时间:全年
花季:春季~秋季
花期:5~10天
诞生花:6月5日、7月18日、8月
　　　　20日(深黄色)

金合欢

Mimosa Silver wattle

以前美洲的原住民印第安男女会用金合欢来向对方告白，因此它的花语是"秘密的恋情"。金合欢金黄色的圆形小花开满枝头，预示着春天的到来。

法国每年2月都会举办金合欢节，以庆祝春天的来临。另外，3月8日是意大利的"金合欢日"，男性会向亲密的女性赠送金合欢花来表达感谢。

花语 秘密的恋情 友情

金合欢

Flower Data

分类：豆科金合欢属
原产地：澳大利亚
别名：刺球花
上市时间：12月~次年3月
花季：春季
花期：1个星期（每朵花开1天）
诞生花：2月17日、4月3日

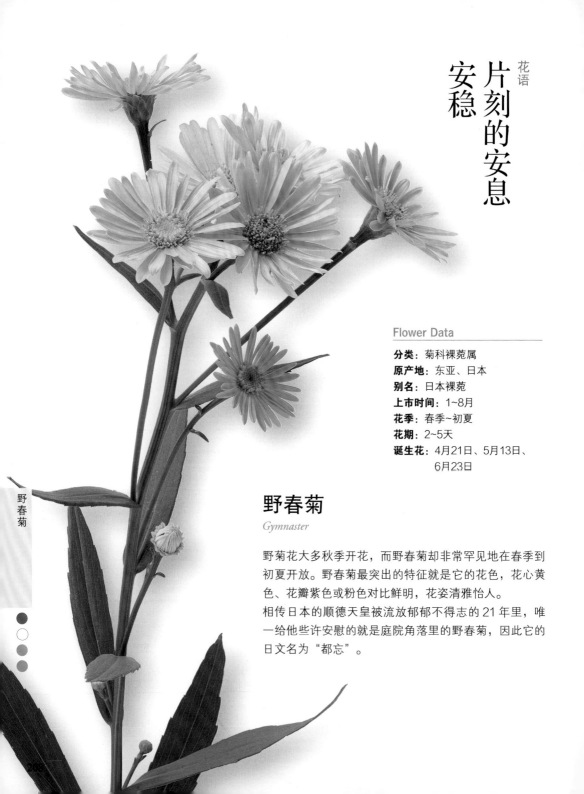

片刻的安息

安稳

Flower Data

分类：菊科裸菀属
原产地：东亚、日本
别名：日本裸菀
上市时间：1~8月
花季：春季~初夏
花期：2~5天
诞生花：4月21日、5月13日、
　　　　　6月23日

野春菊

Gymnaster

野菊花大多秋季开花，而野春菊却非常罕见地在春季到初夏开放。野春菊最突出的特征就是它的花色，花心黄色、花瓣紫色或粉色对比鲜明，花姿清雅怡人。

相传日本的顺德天皇被流放郁郁不得志的21年里，唯一给他些许安慰的就是庭院角落里的野春菊，因此它的日文名为"都忘"。

野春菊

葡萄风信子

Grape hyacinth

葡萄风信子的紫色小花像葡萄一样呈串状开放，英文名为"Grape hyacinth"。

人们在距今6万年前的遗址中发现了供奉葡萄风信子的痕迹，据说，这是世界上最早的葬礼鲜花。欧洲人认为紫色是悲伤的颜色，因此葡萄风信子也有"失意""悲叹"等花语。

葡萄风信子的花香比较浓郁，不适合放在卧室和书房，可以放在客厅或阳台等空气流通的地方。

花语

心有灵犀
宽容的爱

葡萄风信子

Flower Data

分类：百合科蓝壶花属

原产地：地中海沿岸、西亚南部
地区

别名：葡萄麝香兰、蓝壶花、蓝
瓶花

上市时间：3~6月

花季：春季~初夏

花期：5~7天

诞生花：1月30日、2月2日、
4月26日、4月28日

Flower Data

分类：唇形科紫珠属
原产地：中国、日本、朝鲜半岛
别名：爆竹紫、白木姜
上市时间：9~10月
结果期：秋季
观赏时长：3~5天左右
诞生花：10月17日、11月4日、
　　　　　11月6日、11月9日

紫珠

beautyberry

紫珠秋天结出的果实呈紫红色，色泽鲜艳，多被视为观果植物。它属名 "Callicarpa" 源自拉丁语 "美丽的果实"。紫珠的果实层层叠叠，又得名 "爆竹紫"。日本的古典名著《源氏物语》中，把美丽优雅的女性比喻为紫珠。

花语

聪明
惹人喜爱

紫珠

（果）

优美、高雅

莫氏兰

Mokara

莫氏兰的花茎上着生很多花朵，花色多为橙色、黄色、粉色等莫氏兰色彩鲜艳、魅力十足，极富南国风情，它的花语来自它优美、高雅的花姿。

莫氏兰是由三种兰科植物人工杂交而成的品种，主要在泰国和马来西亚等地种植。全年都可以稳定供应市场，花期较长，价格适中。

Flower Data

分类：兰科莫氏兰属

原产地：（人工培育的杂交品种）

别名：一

上市时间：全年

花季：全年

花期：1~2个星期

诞生花：1月1日

Flower Data

分类：唇形科美国薄荷属
原产地：北美洲、墨西哥
别名：马薄荷、佛手甜
上市时间：6~9月
花季：夏季
花期：3~4天左右
诞生花：7月10日、7月18日、
　　　　　8月17日

美国薄荷

Monarda Horsemint

美国薄荷的茎叶散发出的香气，与给伯爵红茶调味的芸香科植物佛手柑相似，用其制作的香草茶具有消除疲劳和安眠的功效，因此它的花语是"安稳"。

美国薄荷在日本又名"松明花"，因为原始种美国薄荷的花朵是火红色，它的另一个花语"热切的思念"就与其鲜红的花色有关。最近也出现了粉色以及白色、紫色的美国薄荷。

花语

热切的思念

安稳

212

花语

我是你的俘虏
性情温和

Flower Data

分类： 蔷薇科桃属
原产地： 中国
别名： 花桃、毛桃
上市时间： 1~4月
花季： 春季
花期： 3~5天
诞生花： 3月3日、4月12日

桃花
Peach blossom

桃花色泽粉嫩，气味清甜，惹人喜爱，洋溢着春天的气息，是春天最具代表性的花卉之一。日本的3月3日是祈祷女孩健康幸福成长的"桃花节"，这一天女孩们都会佩戴桃花。这与中国和日本曾经相信桃木具有驱邪的神力，桃子是长生不老的灵药有关。在欧美桃花也是女性的象征，花语"我是你的俘虏"就源自于此。

分类：唇形科贝壳花属
原产地：地中海沿岸、西亚
别名：领圈花、象耳
上市时间：4~12月
花季：夏季
花期：5~7天
诞生花：7月29日、8月6日、
　　　　　8月23日

花语

感谢、希望

贝壳花

贝壳花

Bells of Ireland

贝壳花的花茎上密布着浅绿色、形似贝壳的花萼。贝壳花的花茎会向太阳弯曲生长，夏天花萼中间会开出白色的小花，香气像薄荷，配上浅绿色的花萼，给人以清爽的印象，因此得到了积极的花语。贝壳花的学名源自于印度尼西亚摩鹿加群岛，人们曾经认为那里是贝壳花的原产地。

Flower Data

分类：菊科矢车菊属
原产地：欧洲东南部
别名：蓝芙蓉、翠兰
上市时间：12月~次年7月
花季：春季~初夏
花期：5天左右
诞生花：3月1日、3月5日、
　　　　5月10日

矢车菊

Cornflower Bachelor's button

矢车菊花色繁多，有粉色和白色，都不给人以"纤细""优美"之感。原始种矢车菊为蓝紫色，在所有的蓝色花中也堪称完美蓝色，而"矢车菊蓝"更是最顶级的蓝宝石颜色的代名词。矢车菊的属名是以希腊神话中的半人马族（Centaurus）命名的，据说是半人马贤者喀戎首次发现了矢车菊的药用价值。单瓣矢车菊就像风车一样，因此得名"矢车菊"。

矢
车
菊

花语

纤细、优美、教育

216

Flower Data

分类：蔷薇科棣棠花属
原产地：中国、日本
别名：鸡蛋黄花、黄榆叶梅、山吹
上市时间：3~5月
花季：春季
花期：1个星期
诞生花：3月28日、5月4日、
　　　　 5月28日

棣棠花

Kerria

据说古代的人看到棣棠花的枝条
在风中轻轻摇曳样子，为其命名
为"山吹"。棣棠花呈艳丽微带
红色的亮黄色，日本将这种颜色
称为"山吹色"。

一般常见的是单瓣棣棠花。棣棠
花还有两个变种，一种是重瓣棣
棠花，一种是白棣棠花。

棣
棠
花

桉树

Gum tree

桉树叶片是小小的圆形，十分特别，常用作插花中的衬叶。桉树的香气清新独特。澳大利亚山火频繁，桉树即使在废墟中也能够萌芽新生，因此获得了"重生"的花语。自古以来澳大利亚的原住民就将桉树叶当作草药。在现代的芳香疗法中，桉树叶可以制作成多种功效的精油而备受人们的青睐。

抚慰 重生 _{花语}

桉树

（叶）

Flower Data

分类：桃金娘科桉属
原产地：澳大利亚
别名：尤加利树
上市时间：全年
观赏时长：10天~2个星期
诞生花：11月7日、11月18日

纯洁的心灵

高雅、纯爱

南美水仙

南美水仙

Amazon lily

南美水仙很像水仙，花色洁白，姿态优雅，亭亭玉立，还有清新的香气。南美水仙非常符合新娘的气质，是备受青睐的婚礼花束用花材。南美水仙的花语也都与它美丽的花姿有关。

它的属名源自希腊语"引人注目"。南美水仙的花朵微垂着头，因此又名"亚马逊百合"，不过它并不属于百合科。

Flower Data

分类：石蒜科南美水仙属
原产地：中美洲~南美洲
别名：亚马逊百合、美国水仙、
　　　　大花油加律
上市时间：10月~次年2月
花季：夏季~冬季
花期：1个星期
诞生花：2月22日、8月4日、
　　　　11月7日

Flower Data

分类：大戟科大戟属
原产地：墨西哥
别名：一
上市时间：6月~次年1月
花季：冬季
花期：5~10天左右
诞生花：8月26日

花语

保守
得到帮助
期待重逢

大戟

Euphorbia

大戟（jǐ）属下共有2000多个种，花形、特性以及花期都不尽相同。切开大戟属植物会流出白色的液体，碰到可能导致皮肤红肿，其属名是以罗马时代的医生欧福耳玻斯的名字命名，他首次发现了大戟的药用价值。上图为红羽大戟。大戟属植物的花茎微弯，花朵娇小秀丽，十分可爱。

珍珠绣线菊

Spirea

珍珠绣线菊又名"雪柳"。春天到来后，纤细的枝条上就会挂满不到 1 厘米的白色小花，就像是柳树堆满了积雪，由此得名"雪柳"。散落在地面上的小花看起来就像撒在地上的米粒，因此又名"小米花"。珍珠绣线菊的花语"娇俏可爱""惹人喜爱"都与它的花姿有关。"雪柳"虽然名为"雪"，但却昭示着春天的到来。

Flower Data

分类：蔷薇科绣线菊属
原产地：中国、日本
别名：珍珠花、喷雪花、雪柳
上市时间：2~4月
花季：春季
花期：1个星期（一枝）
诞生花：2月26日、3月11日

花语
娇俏可爱
惹人喜爱

珍珠绣线菊

Flower Data

分类：百合科百合属
原产地：北半球亚热带~亚寒带
别名：倒仙、夜合花
上市时间：全年（香水百合）
花季：夏季
花期：7~10天
诞生花：7月22日（天香百合）、8月11日、12月31日（香水百合）

百合

Lily

希腊神话中，传说百合是宙斯的妻子赫拉洒落在地面上的乳汁幻化而成的。基督教将白百合花称为"圣母百合"，视为圣母玛利亚纯洁的象征。总之，西方自古以来就认为百合是特别的花卉，与圣母密切相关。百合也是以圣母子像为代表的艺术作品中的重要元素。

花语

纯粹、无瑕

纯洁 [香水百合]

威严 [天香百合]

虚荣心 [红色]

朝气蓬勃、虚伪 [黄色]

华丽、轻率 [橙色]

百合

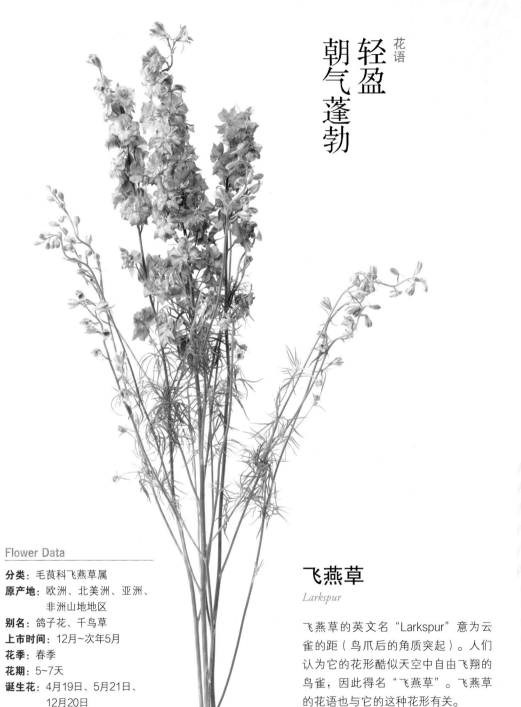

轻盈
朝气蓬勃

飞
燕
草

Flower Data

分类：毛茛科飞燕草属
原产地：欧洲、北美洲、亚洲、
　　　　非洲山地地区
别名：鸽子花、千鸟草
上市时间：12月~次年5月
花季：春季
花期：5~7天
诞生花：4月19日、5月21日、
　　　　12月20日

飞燕草

Larkspur

飞燕草的英文名"Larkspur"意为云
雀的距（鸟爪后的角质突起）。人们
认为它的花形酷似天空中自由飞翔的
鸟雀，因此得名"飞燕草"。飞燕草
的花语也与它的这种花形有关。

223

Flower Data

分类：菊科煤油草属
原产地：澳大利亚东北部
别名：一
上市时间：8~12月
花季：春季
花期：2个星期
诞生花：11月12日

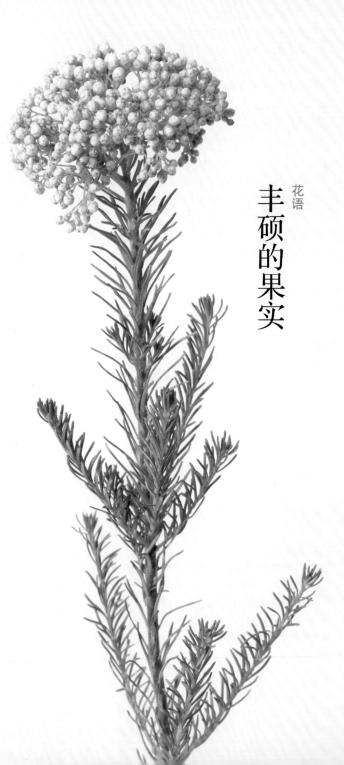

花语

丰硕的果实

澳洲米花
Rice flower

澳洲米花小小的花蕾簇生于末端分枝上，如米粒一般，因此得名"Rice flower"。其花语也与稻米的丰收有关。

从现蕾到开花需要很长时间，人们观赏澳洲米花大多指的是观赏花蕾而非鲜花。开花后，花色的变化（先由粉转白再由白转粉）同样值得一观。澳洲米花有着集清爽与浓郁于一体的独特香气。

澳洲米花

Flower Data

分类：木樨科丁香属
原产地：欧洲东南部
别名：欧洲丁香、洋丁香
上市时间：10月~次年6月
花季：春季
花期：5~10天
诞生花：5月12日、5月30日（紫色）、
　　　　　6月11日、6月12日

欧丁香

Lilac

欧丁香是欧洲春天的代表性花卉，浅紫色或白色的花朵开始绽放时，就会散发出甜蜜的清香，向人们宣告着春天的到来。欧丁香喜欢较为凉爽的气候，因此在北部寒冷地区是非常受欢迎的行道树。

欧丁香花通常是四瓣，相传如果找到了五瓣欧丁香，保密并悄悄吃掉就能够获得幸福，加之欧丁香的叶片也是心形的，因此它的花语都与爱情有关。

花语

回忆、初恋的芬芳

爱情萌芽［紫色］
天真无邪［白色］

欧丁香

225

花语
感谢
相信我
激动的心

兔尾草

Rabbit tail grass Bunny tail

兔尾草花穗圆润，被有柔软细
毛，就像小动物的尾巴一样，
让人忍不住想要抚摸。兔尾草
的属名源自希腊语"野兔的尾
巴"，其他日文名、英文名等
均与兔尾有关。

除了在花期结束还可以长时间
地欣赏的花穗外，兔尾草的干
花也备受青睐，人们会将其染
成红、蓝、黄等颜色后出售。

兔尾草

Flower Data

分类：禾本科兔尾草属
原产地：地中海沿岸
别名：狐狸尾、布狗尾
上市时间：5~7月
花季：春季~夏季
诞生花：5月31日

非洲莲香

Cape cowslip

非洲莲香的花色和花形丰富多彩，花姿别具一格，不同品种的花期从晚秋到春天。因此它被赋予"变化""好奇心"的花语。非洲莲香是原产于南非的球根植物，因为花姿又名"非洲风信子"。非洲莲香不耐寒，为了能够移栽到不降霜的地方，多作为盆栽种植。

花语
变化
好奇心

Flower Data

分类：百合科非洲莲香属
原产地：南非
别名：非洲风信子
上市时间：12月~次年4月
花季：秋季~春季
花期：1个月
诞生花：1月12日、3月11日

非洲莲香

Flower Data

分类：毛茛科花毛茛属
原产地：西亚、欧洲东南部、地
　　　　　中海沿岸
别名：波斯毛茛、陆莲花
上市时间：10月~次年6月
花季：春季
花期：3~5天
诞生花：1月20日（黄色）、
　　　　　2月25日、
　　　　　3月2日（红色）、
　　　　　5月25日

花毛茛

Ranunculus

花毛茛花色繁多，薄薄的花瓣层层叠叠地绽放，明艳美
丽，魅力十足。它由"十字军"引入欧洲，在经历品种
改良前，也只是一种朴素的五瓣小黄花。据说其属名源
自拉丁语的"青蛙"，这是因为花毛茛生长在青蛙喜欢
栖息的潮湿环境，还有一种说法认为花毛茛的叶片形状
很像青蛙的脚。

魅力十足

温柔的关怀 [黄色]

幸福 [紫色]

纯洁 [白色]

天然之美 [粉色]

秘密主义 [橙色]

迷人的你 [红色]

花毛茛

花语

我在等你

沉默

期待 [法国熏衣草]

幸福 [英国薰衣草]

薰衣草

Lavender

薰衣草拥有柔和芬芳的香气，是宣告夏季到来的一种花卉。自古以来就作为具有止痛、镇静功效的香草而为人们所熟知，还拥有"香草女王"的美誉。薰衣草的香气可以抑制激动的情绪，放松身心，因此得到"沉默"的花语。薰衣草的英文名为源自拉丁语的"清洗"，据说这是因为古罗马时期人们洗澡时会加入薰衣草。

Flower Data

分类：唇形科薰衣草属
原产地：地中海沿岸、加那利群岛
别名：灵香草
上市时间：4~7月
花季：春季~夏季
花期：4~5天
诞生花：6月9日（法国熏衣草）、7月5日、8月8日（英国薰衣草）、12月3日（干薰衣草）

薰衣草

230

绵毛水苏

Lamb's ears

绵毛水苏的叶片厚实，整体覆盖着一层白色绒毛，触感柔软舒适，被传神地称为"羊耳朵"。绵毛水苏的花语源自其散发微弱的甜蜜芳香。绵毛水苏脱水后颜色会变得更白，因此作为较为罕见的银色叶片花材，用于制作花环。

就依你
诱惑

花语

绵毛水苏

（叶）

Flower Data

分类：唇形科水苏属
原产地：西亚
别名：棉毛水苏
上市时间：全年
观赏时长：1个星期
诞生花：6月10日

百部

Stemona japonica

百部在插花中大多用作衬叶，艳丽的绿色搭配纤细的花茎，看起来赏心悦目。百部初夏开花，小花的颜色与茎叶的颜色相同，因此虽不显眼，却显得格外"风雅"，并因此成为茶室插花的首选花材。据说，百部被引进到日本后，因为常用来装点茶室，被冠以茶道大师千利休的名字得名"利休草"。

百部

（叶）

花语

清廉 先见之明 风雅

Flower Data

分类：百部科百部属
原产地：中国
别名：百部草、百条根、玉箫
上市时间：全年
观赏时长：1个星期
诞生花：8月14日

木百合

Leucadendron Silver leaf tree

木百合原产于非洲，花形独特，极具异国风情。开花时，为了保护中间的花朵而闭合的苞片会一点点地张开，就像是"打开紧闭的心灵"。木百合的英文名源自希腊语"白色的树"。部分木百合的叶片上覆盖着银绿色的绒毛，因此别名"银叶树"。

花语

无言的爱
打开紧闭的心灵

Flower Data

分类：山龙眼科木百合属

原产地：南非

别名：银叶树、白澳山龙眼

上市时间：全年

花季：夏季

花期：2个星期

诞生花：9月4日

花语

信任

温暖的心

阳光百合

阳光百合

Glory of the sun

阳光百合的星形花朵开在微微弯曲的花茎顶端，向四面八方开放，看起来轻盈而优雅。其属名意为"白色棍棒"，来自花朵中间的 3 根雄蕊。某些品种的阳光百合会散发出浓烈的甜香。阳光百合一般为蓝色或紫色，但近来它的花色越来越丰富，受到了人们的追捧。花语"温暖的心"与某些品种的阳光百合花朵中心是红色有关。

Flower Data

分类：百合白棒莲属
原产地：安第斯山脉
别名：一
上市时间：1~6月
花季：春季
花期：5~7天
诞生花：2月4日

花语

舒适 满溢的思念

髭脉桤叶树

Japanese clethra

髭（zǐ）脉桤（qī）叶树是山间常见的树木，从初夏时节直到夏季结束，都绽放出白色的花朵（部分桤叶山柳树园艺品种花朵为粉色）。髭脉桤叶树花朵具有独特的甜香，吸引蜂蝶纷纷前来采蜜。髭脉桤叶树树冠开张呈伞形，树形、叶形和花序都很美，受到人们的青睐。

髭脉桤叶树

Flower Data

分类：桤叶树科桤叶树属
原产地：中国、日本、朝鲜
别名：山柳
上市时间：6~9月
花季：夏季~秋季
花期：5~7天左右
诞生花：7月13日

龙胆

Gentian

龙胆自古以来就作为药草而为人们所熟知，它的根"像龙的胆一样苦"，因此被称为"龙胆"。日本古代的才女清少纳言在《枕草子》中对龙胆大加赞许，称其"颇有雅趣"。山野之间经常可以看到龙胆清爽优雅的身姿。龙胆不丛生，安静地绽放着紫色的花朵，因此被赋予了"爱上忧伤的你"的花语。

花语

爱上忧伤的你
人品诚实可靠

龙胆

Flower Data

分类：龙胆科龙胆属

原产地：中国、日本、朝鲜、俄罗斯

别名：地胆草、草龙胆

上市时间：6~11月

花季：秋季

花期：5~10天左右

诞生花：9月16日、10月1日、10月20日

Flower Data

分类：百合科假叶树属
原产地：马德拉群岛（葡萄牙）
　　　　　~高加索地区
别名：百劳金雀花、瓜子松
上市时间：全年
观赏时长：7~10天
诞生花：1月17日

花语
朝气蓬勃

假叶树

Butcher's bloom

叶片厚实而有光泽是假叶
树最明显的特征。冬天到
来后，假叶树叶片的正面
或背面的中间位置会冒出
浅绿色开放的小花，第一
次见到的人会觉得十分新
奇。假叶树的花语"朝气
蓬勃"就源自于此。
假叶树看起来像叶片的部
分其实是变异的花茎，真
正的叶片已经退化了。

假叶树

●
（叶）

Flower Data

分类：豆科羽扇豆属
原产地：南北美洲、地中海沿
　　　　　岸、南非
别名：多叶羽扇豆、鲁冰花
上市时间：12月~次年6月
花季：春季
花期：5~7天
诞生花：4月30日、11月2日、
　　　　　11月27日

花语
想象力
贪婪

羽扇豆

Lupine (Lupin)

羽扇豆的小花像是自下而上的
紫藤花。现在的羽扇豆具有观
赏价值，也被用作饲料和肥料。
以前人们种植羽扇豆主要用于
食用，古代欧洲人认为食用羽
扇豆的花可以使心情开朗，提
高想象力，羽扇豆的花语"想
象力"就与此有关。另外，羽
扇豆的生命力顽强，可以在贫
瘠的土壤上生长，因此还获得
了"贪婪"的花语。

羽扇豆

敏锐 受伤的心 锐

硬叶蓝刺头
Blue ball Small globe thistle

硬叶蓝刺头有乒乓球一样的蓝色（琉璃色）花朵和类似蓟属植物的锯齿状带刺叶片。硬叶蓝刺头在英语中称作"蓝球"或"小球形蓟"。其属名源自希腊语"刺猬"，因为硬叶蓝刺头球形的花朵让人联想到刺猬。硬叶蓝刺头的花形特殊，触到会被扎疼，它的花语也来自于此。

硬叶蓝刺头

Flower Data

分类：菊科蓝刺头属
原产地：地中海沿岸、西亚
别名：漏芦
上市时间：5~9月
花季：夏季
花期：5~10天
诞生花：7月11日、7月17日、
　　　　　7月31日

239

花语

感谢
朦胧的思念

大阿米芹

Laceflower

大阿米芹的伞形花序是由无数
小花组成的，很多豆粒大小
的小花聚拢在一起形成了花朵
形状的花序，再组成了伞形花
序。欧洲自古把它的果实当健
体、健胃、利尿的药草使用，
因此获得了"感谢"的花语。
为了与蓝饰带花（Blue Lace
Flower，参考 P182）相区别，
人们也将大阿米芹称为"白饰
带花"。

大阿米芹

Flower Data

分类：伞形科阿米芹属
原产地：地中海沿岸、西亚
别名：雪珠花、蕾丝花
上市时间：全年
花季：春季
花期：3~7天
诞生花：3月15日、6月7日、
10月4日

Flower Data

分类：木樨科连翘属
原产地：中国
别名：黄寿丹
上市时间：1~8月
花季：冬季~春季
花期：4~5天
诞生花：4月11日

花语

期待、希望

连翘

连翘

Forsythia Golden bells

连翘是一种先开花后长叶的植物，早春时节细枝上开满黄色的小花。花朵盛开时满树金黄，灿烂夺目。那生命力旺盛的样子，以及在花朵开放后嫩叶新芽接连冒出的盛况而获得了"期待""希望"的花语。

连翘在《诗经》中即有记载。连翘的果实可以入药。

先见之明
温文尔雅

Flower Data

分类： 蜡梅科蜡梅属
原产地： 中国
别名： 蜡梅、唐梅
上市时间： 12月~次年2月
花季： 冬季
花期： 2个星期
诞生花： 1月21日、12月30日

蜡梅

蜡梅

Winter sweet

蜡梅原产于中国，与水仙、梅花、山茶花并称为"雪中四友"，它们因在寒冬之中傲雪绽放受到人们的喜爱。其中蜡梅的花期最早，淡黄色的花朵微微垂首、悄然绽放，因此花语是"先见之明""温文尔雅"。

蜡梅得名来自半透明类似蜡制的花瓣，以及像是梅花的花形与花香。

Flower Data

分类：紫草科勿忘草属
原产地：亚洲、欧洲
别名：勿忘我、星辰花、补血草
上市时间：3~6月
花季：春季
花期：2~5天
诞生花：2月7日、2月29日、
　　　　　4月5日

花语　**勿忘我
真实的爱**

勿忘草

Forget-me-not

勿忘草的花语源于德国的传说，
它的花语以及各种语言的花名的
含义均为"请不要忘记我"。
相传一位男子为了恋人去摘鲜花，
却不小心落入河中。女孩没有忘
记恋人，一直思念着他，一生都
将这种花戴在发际。

勿忘草

243

可爱
锋芒未露

蜡花
Wax flower Wax plant

蜡花原产在澳大利亚西部的沙漠地区，因为花朵独特的质感就像覆盖了一层蜡而得名。蜡花花茎分枝较多，顶端缀着沉甸甸的小花，或白或粉，十分惹人喜爱。

蜡花的细枝向西面八方伸展，因此还得到了"反复无常"的花语。据说蜡花的另一个花语"锋芒未露"来自于它的花朵无香，但茎和叶却会散发微弱的香气。

蜡
花

Flower Data

分类：桃金娘科风蜡花属
原产地：澳大利亚
别名：风蜡花
上市时间：全年
花季：秋季（南半球的春季）
花期：2个星期
诞生花：1月19日、2月8日、
　　　　　3月12日

地榆

Great burnet

地榆秋季开放，是秋季田野上的一抹风景线。看来好像细长果实的部分，其实是很多小花组成的穗状花序，这些花朵会从花穗顶端向下开放。

地榆的别名一串红源自花色，黄瓜香源自其茎和叶都有香味。

变化
似水流年
深思

Flower Data

分类：蔷薇科地榆属
原产地：亚洲、欧洲
别名：黄爪香、一串红
上市时间：8~10月
花季：夏季~秋季
花期：7~10天
诞生花：10月28日、10月30日

地榆

插花技巧

下面介绍几条入门级的插花技巧，这样当你购买或收到鲜花时，就可以在家轻松完成插花了。

非洲菊
×
细长型的小花瓶

非洲菊的茎细长而笔直，适合搭配简单的小花瓶。选择杂货店随处可见的细长款细口玻璃容器，直接将非洲菊插在里面就会美丽如画。为了达到视觉平衡，需注意花器的高度与露出来的花枝长度的比例最好在1:1~1:1.5之间。最好选择有点分量的花器来增加稳定性。如果不止一朵非洲菊，可以适当调整一下每朵花的长度和朝向。

欧丁香
×
广口果酱瓶
×
衬叶

欧丁香笔挺的枝头开满了无数朵小花。直接将花枝剪短，用矮容器装满，这样可以降低花的重心，保持造型的稳定性，使作品更容易达到重心平衡。在容器的另一侧放入衬叶以填补空间。如果家中有红酒瓶，可以将欧丁香的花枝留长一些，搭配同季节的珍珠绣线菊，三三两两插入瓶中就会很好看。

绛车轴草
×
广口的小型容器

绛车轴草属于草本花卉，花茎柔软，放入广口的容器内使其微微垂下，能给人以轻盈灵动之感。微微低垂的造型让自然感十足的草本花卉显得更加可爱。在使用广口容器时，大家可能会误认为插得越多越好，不过如图所示在强调横向延伸的水平造型中，零星几朵花也很好看。

花语索引

248

249

感动、行动

诞生花速查（1~6 月）

日＼月	1 月	2 月	3 月	4 月	5 月	6 月
1	山茶（白）p135	贴梗海棠 p198 木茼蒿 p203	矢车菊 p216	樱花 p89	耧斗菜 p49 铃兰 p112	落新妇 p21 小白菊 p204
2	山茶（红）p135	葡萄风信子 p209	花毛茛（红）p228	银莲花（白）p24	芍药 p97	耧斗菜（红）p49
3	水仙（白）p106 草珊瑚 p124	满天星 p56	蒲包花 p62 白车轴草 p100 桃 p214	素馨 p98 金合欢 p207	藿香蓟 p16	绣球 p19
4	水仙（白、黄）p106 风信子（白）p173	万代兰 p164 阳光百合 p234	郁金香（红）p133	马醉木 p23	棣棠花 p217	溲疏 p39 满天星（粉）p56
5	菊花 p66	欧石楠 p44 袋鼠爪花 p63	银莲花 p24 吉利花 p69 紫罗兰（单瓣）p114 矢车菊 p216	勿忘草 p243	栀子 p74 龙船花 p94 铃兰 p112 野春菊 p208	大丽花 p128 万寿菊 p206
6	袋鼠爪花（红）p63	油菜花 p150	绣球荚蒾 p47 欧洲荚蒾 p119	银莲花 p24	紫罗兰 p114	大星芹 p22
7	朱蕶梅 p79	三色堇（杏黄）p163 勿忘草 p243	油菜花 p150	樱花 p89	羽衣草 p31 六出花 p32 补血草 p113	朱顶红 p27 大阿米芹 p240
8	仙客来 p96	蜡花 p245	黑种草 p152	麻叶绣线菊 p88	绛车轴草 p117	百子莲 p14 素馨 p98
9	朱蕶梅（白）p79 南天竹 p151	卡特兰 p58	马醉木 p23 绛车轴草 p117	樱花 p89	蝇子草 p99 四照花 p158	香豌豆 p104 法国薰衣草 p230
10	紫罗兰 p114	麻叶绣线菊 p88	西洋杜鹃 p18 蓝饰带花 p182	翠菊 p20	牡丹 p199 矢车菊 p216	绵毛水苏 p231
11	草珊瑚 p124	屈曲花 p38	珍珠绣线菊 p221 非洲莲香 p227	风信子 p173 连翘 p241	翠菊 p20 独尾草 p46	欧丁香 p225
12	玫瑰（黄）p160 非洲莲香 p227	山茱萸 p92	蜡花 p245	圆叶柴胡 p178 桃 p214	欧丁香 p225	欧丁香 p225
13	水仙（白）p106 紫娇花 p137	小苍兰（紫）p180	六出花 p32	樱花 p89	法兰绒花 p179 波罗尼花 p202	树兰 p43 红花 p189
14	虎眼万年青 p48 仙客来 p96	洋甘菊 p60 海桐 p167	洋甘菊 p60	翠雀 p138 吊钟花 p141 蓝饰带花 p182	大花葱 p29 耧斗菜（紫）p49 康乃馨（红）p52	绣球 p19 唐菖蒲 p75
15	文心兰 p51 麻叶绣线菊 p88	郁金香（鹦鹉型）p133	屈曲花 p38 大阿米芹 p240	康乃馨（白）p52 麻叶绣线菊 p88	风铃草 p64 宫灯百合 p93	康乃馨 p52

月 日	1月	2月	3月	4月	5月	6月
16	三色堇（紫）p163 风信子（黄）p173	康乃馨 p52	紫松果菊 p41 康乃馨 p53	蝇子草 p99 雪片莲 p118 郁金香 p133 凤尾百合 p184	玉米百合 p35	晚香玉 p130
17	蝴蝶兰 p86 假叶树 p237	金合欢 p207	玉米百合 p35 山茱萸 p92	鸢尾 p28	郁金香（黄）p133 牡丹 p199	白车轴草 p100
18	山茱萸 p92	六出花 p32	金鱼草 p71 四照花 p158	黑种草 p152	硫华菊 p67 芍药 p97	黄栌 p120
19	饰球花 p154 绒毛饰球花 p183 蜡花 p245	金鱼草（白）p71	栀子 p74	苋 p26 飞燕草 p223	芍药 p97	百子莲 p14 白玉草 p78
20	蝴蝶石斛 p140 花毛茛（黄）p228	木茼蒿 p203	香豌豆 p104	玉米百合 p35 绛车轴草 p117	翠雀 p138	穗花婆婆纳 p144
21	针垫花 p174 蜡梅 p242	三色堇（紫）p163	贝母 p156	野春菊 p208	飞燕草 p223	朱顶红 p27
22	非洲菊（粉）p54 垂筒花 p70	南美水仙 p219	屈曲花 p38	蓟 p17	溲疏 p39	小白菊 p204
23	香蒲 p59 地中海荚蒾 p168	虞美人 p201	唐菖蒲 p75	风铃草 p64	鸢尾 p28 蒲包花 p62	野春菊 p208
24	梅（红）p40 茵芋 p95	贝母 p156	马醉木 p23	绣球荚蒾 p47 蒲包花 p62	铃兰 p112	大星芹 p22
25	山茶（白）p135	麝香玫瑰 p160 花毛茛 p228	贴梗海棠 p198	贝母 p156 虞美人 p201	三色堇 p163 蓝星花 p181 花毛茛（红）p228	金槌花 p76
26	朱顶红 p27	珍珠绣线菊 p221	金盏花（橙）p72	蓝盆花 p108 葡萄风信子 p209	天竺葵 p121	绣球 p19
27	山茶（红）p135	虎眼万年青 p48 吉利花 p69	蒲包花 p62	蝴蝶石斛 p140	小白菊 p204	西番莲 p142 红花 p189
28	雪片莲 p118	小苍兰（紫）p180	吊钟花 p141 棣棠花 p217	黄栌 p120 葡萄风信子 p209	绣球荚蒾 p47 棣棠花 p217	天竺葵 p121 洋桔梗 p146
29	晚香玉 p130	勿忘草 p243	贝母 p156	栀子 p74	洋桔梗 p146	百子莲 p14 鸢尾 p28
30	紫娇花 p137 葡萄风信子 p209	/	香豌豆 p104	羽扇豆 p238	虞美人 p201 欧丁香（紫）p225	栀子 p74 蓝盆花 p108
31	文心兰 p51	/	黑种草 p152	/	兔尾草 p226	/

诞生花速查（7~12 月）

月 日	7 月	8 月	9 月	10 月	11 月	12 月
1	铁线莲 p82	六出花 p32	桔梗 p65	菊花 p66 巧克力秋英 p134 龙胆 p236	袋鼠爪花 p63	花烛 p34 菊花 p66
2	金鱼草 p71	蓍草 p15	晚香玉 p130	硫华菊 p67 堆心菊 p192	蝴蝶兰 p86 钉头果 p175 羽扇豆 p238	蝎尾蕉 p191
3	虞美人 p201	金盏花 p72	蓍草 p15 波斯菊 p85 木茼蒿 p203	袋鼠爪花（黄）p63 百日菊 p172	洋甘菊 p60	干薰衣草 p230
4	玫瑰 p160	凤梨百合 p155 南美水仙 p219	木百合 p233	孔雀紫苑 p73 大阿米芹 p240	紫珠 p210	袋鼠爪花 p63
5	薰衣草 p230	欧石楠 p44 向日葵 p171	鸡冠花 p84	波斯菊（黄）p85	金槌花 p76 海神花 p187	散尾葵 p33 大花蕙兰（白）p101
6	西番莲 p142	贝壳花 p215	毛核木 p103	波斯菊（红）p85	紫珠 p210	龙船花 p94
7	栀子 p74 茶藨子 p110	向日葵 p171	蓝星花 p181	紫松果菊 p41	桉树 p218 南美水仙 p219	仙客来 p96
8	风铃草 p64	西洋杜鹃（红）p18 法英国薰衣草 p230	孔雀紫苑 p73 鸡冠花 p84	瘤毛獐牙菜 p36	兜兰 p159	南天竹 p151
9	娇娘花 p122	六出花 p32	袋鼠爪花 p63	紫松果菊 p41 油点草 p200	紫珠 p210	菊花 p66
10	金鱼草 p71	嘉兰 p83	翠菊（白）p20	乳茄 p176 寒丁子 p177	香蒲 p59 南蛇藤 p136	卡特兰 p58
11	落新妇 p21 硬叶蓝刺头 p239	百合 p222	女郎花 p50	非洲菊（红）p54 孔雀紫苑 p73	补血草 p113	玫瑰（白）p160
12	洋桔梗 p146	硫华菊 p67	铁线莲 p82	天竺葵 p121	澳洲米花 p224	棉花 p87 蝴蝶石斛 p140
13	唐菖蒲 p75 髭脉桤叶树 p235	一枝黄花 p126 穗花婆婆纳 p144	八宝景天 p195	硫华菊 p67 娜丽花 p153	朱顶红（红）p27 花烛 p34 菝葜 p90 蝴蝶石斛 p140	铁筷子 p80 大花蕙兰（粉）p101
14	大花葱 p29 石竹 p148	百部 p232	藿香蓟 p16	菊花（白）p66	翠雀 p138	欧石楠 p44 南蛇藤 p136
15	藿香蓟 p16	向日葵 p171 针垫花 p174	唐菖蒲 p75 大丽花 p128	郁金香（黄）p133	巧克力秋英 p134	郁金香 p133

月\日	7 月	8 月	9 月	10 月	11 月	12 月
16	紫罗兰 p114 射干 p166	女郎花 p50 万代兰 p164	龙胆 p236	菝葜 p90	铁筷子 p80 娇娘花 p122	鹤望兰 p116 洋桔梗 p146
17	独尾草 p46 硬叶蓝刺头 p239	大丽花 p128	欧石楠 p44 女郎花 p50	蝴蝶兰 p86 紫珠 p210	�草 p15	草珊瑚 p124
18	万寿菊 p206	洋桔梗 p146	蓟 p17	棉花 p87	虾衣花 p194 桉树 p218	大花蕙兰 p101 波罗尼花 p202
19	香蒲 p59	法兰绒花 p179	虎眼万年青 p48 宫灯百合 p93	嘉兰 p83 一枝黄花 p126	补血草 p113	雪片莲 p118
20	穗花婆婆纳 p144	小苍兰（紫）p180 万寿菊（深黄）p206	瘤毛獐牙菜 p36	龙胆 p236	康乃馨（红）p52 斑克木 p162	飞燕草 p223
21	西番莲 p142	西番莲 p142	西番莲 p142	蓟 p17 棉花 p87	海桐 p167	朱萼梅 p79
22	石竹 p148 天香百合 p222	姜黄 p81	千日红 p123	桔梗 p65	木茼蒿 p203	西洋杜鹃（红）p18 百日菊 p172 一品红 p197
23	大花葱 p29	贝壳花 p215	苋 p26	铁线莲 p82 毛核木 p103	树兰 p43 鹤望兰 p116	千日红 p123
24	芍药 p97	金盏花 p72 鸡冠花 p84	海滨刺芹 p45 巧克力秋英 p134	羽衣草 p31 海神花 p187	卡特兰 p58	宫灯百合 p93
25	龙船花 p94 麦秆菊 p190	花烛 p34 射干 p166	孔雀紫苑 p73	女郎花 p50 毛核木 p103	黄栌 p120 娜丽花 p153	刺桂 p165 一品红 p197
26	马蹄莲 p61	千日红 p123 大戟 p220	玫瑰 p160	八宝景天 p195	马蹄莲 p61 菝葜 p90	铁筷子 p80 寒丁子 p177
27	欧洲荚蒾 p119 地中海荚蒾 p168	金丝桃 p169	波斯菊 p85 油点草 p200	巧克力秋英 p134	素馨 p98 加州胡椒 p188 羽扇豆 p238	树兰 p43
28	蝇子草 p99 石竹 p148	海滨刺芹 p45 茶藨子 p110	鸡冠花 p84 堆心菊 p192	地榆 p246	紫娇花 p137	草珊瑚 p124 兜兰 p159
29	大丽花 p128 贝壳花 p215	白车轴草 p100 蓝花茄 p125	翠菊 p20	针垫花 p174 钉头果 p175	油点草 p200	南天竹 p151
30	海滨刺芹 p45 蓝盆花 p108 虾衣花 p194	姜黄 p81 棉花 p87	鸡冠花 p84	地榆 p246	满天星 p56 垂筒花 p70	蜡梅 p242
31	硬叶蓝刺头 p239	白车轴草 p100 银边翠 p157	/	瘤毛獐牙菜 p36 马蹄莲 p61 桔梗 p65 茵芋 p95 蝎尾蕉 p191	/	紫罗兰（重瓣）p114 香水百合 p222

255

CHIISANA HANAKOTOBA HANAZUKAN

Supervised by Keiko Udagawa

Copyright © U-CAN, Inc., 2019

All rights reserved.

Original Japanese edition published by U-CAN, Inc.

Simplified Chinese translation copyright 2021 by BEIJING BOOK LINK BOOKSELLERS
CO.,LTD

This Simplified Chinese edition published by arrangement with U-CAN, Inc., Tokyo, through
HonnoKizuna, Inc., Tokyo, and Pace Agency Ltd.

本书由日本株式会社 U-CAN 授权北京书中缘图书有限公司出品并由河北科学技术出版
社在中国范围内独家出版本书中文简体字版本。

著作权合同登记号：冀图登字 03-2020-112

图书在版编目（CIP）数据

花颜花语 /（日）宇田川佳子主编；赵百灵译 . --
石家庄：河北科学技术出版社，2022.11
    ISBN 978-7-5717-1231-0

    Ⅰ.①花… Ⅱ.①宇… ②赵… Ⅲ.①花卉—介绍
Ⅳ.① S68

中国版本图书馆 CIP 数据核字 (2022) 第 165655 号

花颜花语

［日］宇田川佳子 主编   赵百灵 译

策划制作：北京书锦缘咨询有限公司
总 策 划：陈　庆
策　　划：肖文静
责任编辑：刘建鑫
设计制作：柯秀翠

出版发行	河北科学技术出版社
地　　址	石家庄市友谊北大街 330 号（邮编：050061）
印　　刷	河北文盛印刷有限公司
经　　销	全国新华书店
成品尺寸	170mm×210mm
印　　张	16
字　　数	270 千字
版　　次	2022 年 11 月第 1 版
	2022 年 11 月第 1 次印刷
定　　价	88.00 元